国家重点研发计划课题（2020YFD1100705）

贵州山地民族聚落研究丛书
Research Series on Mountainous Minorities Settlements in Guizhou

贵州黔东南地区苗族聚落调查研究

SURVEY AND STUDY ON MIAO SETTLEMENTS IN SOUTHEAST GUIZHOU

周政旭 王念 严妮 等著

中国建筑工业出版社

图书在版编目（CIP）数据

贵州黔东南地区苗族聚落调查研究 = SURVEY AND
STUDY ON MIAO SETTLEMENTS IN SOUTHEAST GUIZHOU /
周政旭等著. —北京：中国建筑工业出版社，2023.5
（贵州山地民族聚落研究丛书）
ISBN 978-7-112-28487-0

Ⅰ.①贵… Ⅱ.①周… Ⅲ.①苗族—聚落环境—调查
研究—黔东南苗族侗族自治州 Ⅳ.①TU241.4

中国国家版本馆CIP数据核字（2023）第043925号

责任编辑：张　明
责任校对：王　烨

贵州山地民族聚落研究丛书
Research Series on Mountainous Minorities Settlements in Guizhou
贵州黔东南地区苗族聚落调查研究
SURVEY AND STUDY ON MIAO SETTLEMENTS IN SOUTHEAST GUIZHOU
周政旭　王　念　严　妮　等著
*

中国建筑工业出版社出版、发行（北京海淀三里河路9号）
各地新华书店、建筑书店经销
北京锋尚制版有限公司制版
北京中科印刷有限公司印刷
*

开本：787毫米×1092毫米　1/16　印张：16¼　字数：319千字
2023年6月第一版　2023年6月第一次印刷
定价：**118.00**元
ISBN 978-7-112-28487-0
（40942）

本书贡献者

测绘：周政旭　贾子玉　王　念　刘　杉　孙海燕　许佳琪　孙　甜　严　妮　原雅迪
　　　梅雨亭　欧小杨　张　权　张　亮
研究：周政旭　王　念　严　妮　贾子玉　孙　甜　钱　云　许佳琪　孙海燕　张　权
　　　原雅迪　陈　耸　方　茗

前　言

　　贵州位于中国西南，地处云贵高原东部，是全国唯一没有平原支撑的省份。全省平均海拔为1100m左右，山地与丘陵面积占全省面积的92.5%，是典型的"山地省"。同时，贵州是一个多民族聚居的省份，是最富于民族和地域特色的省份之一。数千年以来，各民族的祖先在这片土地定居与发展。由于地形富于变化、山川阻隔影响较大，加之历史等原因，形成了"大杂居、小聚居"的分布状态，并形成、发展和保留了特色民族和地域文化。时至今日，贵州省世代居住有汉、苗、侗、布依、仡佬等18个民族，各民族文化千姿百态，多元共生，共同构成中华民族共同体。

　　在此背景下，贵州形成了诸多丰富多彩的山地聚落。截至2019年，在住房和城乡建设部、文化部等多部门联合公布的5批共6819个中国传统村落名录中，贵州省共724个村落名列其中，占到全国的约10.6%。而这724个村落，基本都是山地聚落的典型代表。此外，遍及全省还有为数众多、各具特色的山地聚落。它们植根当地，适应自然，巧妙地解决了人在山地严苛的生存压力之下的聚居问题，并且发育出各具特色的聚落人居环境，具有十分重要的历史价值、文化价值。同时，山地聚落特色的保护与发展，能够对当地人居改善、旅游发展起到积极作用，进而有效提高当地农民收入水平，是贵州这个典型贫困山区贫困空间治理的重要方面之一。

　　可惜的是，很多聚落的独特价值却很少被外人所认识，甚至不为当地民众所理解。在城镇化、工业化、全球化的狂飙突进中，一些聚落正在受到极为严峻的外部与内部挑战，特色正在消失，"千村一面"的悲剧正在村庄重演。

　　出于深入挖掘山地民族聚落独特价值的考虑，在导师吴良镛先生以及清华大学诸位老师的指导与支持下，我在博士后阶段即开始对山地民族聚落形成与演变的历史过程系统展开研究，在民族志文本与聚落真实空间中发掘材料，从散见的线索出发努力构建其历史图景。从源头出发，以筚路蓝缕营建家园的当地先民的视角，以期总结经验、提炼智慧，为今日之聚落发展、特色存续提供更多镜鉴。

在此过程中，我们也深深感到这些区域基础研究资料的匮乏。不仅历史资料欠缺，连当前聚落的空间资料亦极不完整。不过还好，从"田野"中亲手发掘一手材料尽管辛苦，却是一件让人兴奋的事情。于是，我们自2015年起开始进行系列田野调查，近年内每个夏天选择一处典型的民族聚居区域，以建筑学、人类学、社会学等多学科融合的视角，从区域、聚落、组团、建筑等多层次开展人居环境调查研究活动。每调研一个区域，则整理形成基础资料，并从多专题加以深入研究，以系统地梳理、提炼其价值。

在完成对"扁担山—白水河地区布依族聚落"和"黔中地区屯堡聚落"的调查和研究之后，本书是我们第三次"田野"——黔东南苗族典型聚居区域——的研究成果，主要集中在雷公山区与月亮山区。上篇主要是对该地区及十余个典型聚落的调研测绘。下篇则是针对聚落选址与分布、地方知识与可持续人居、仪式与公共空间、梯田景观、山林景观、粮仓与禾晾、文化遗产价值等方面的专题研究。

本书是"贵州山地民族聚落研究丛书"的第4本。本系列研究基于清华大学建筑与城市研究所、贵州省住房和城乡建设厅合作搭建的"贵州省'四在农家·美丽乡村'人居环境整治示范项目"平台。研究受国家重点研发计划课题（2020YFD1100705）资助。

目　录

专题照片

下篇　专题研究

1 聚落选址与分布

2 地方知识与可持续人居

上篇／调研测绘

雷公山区

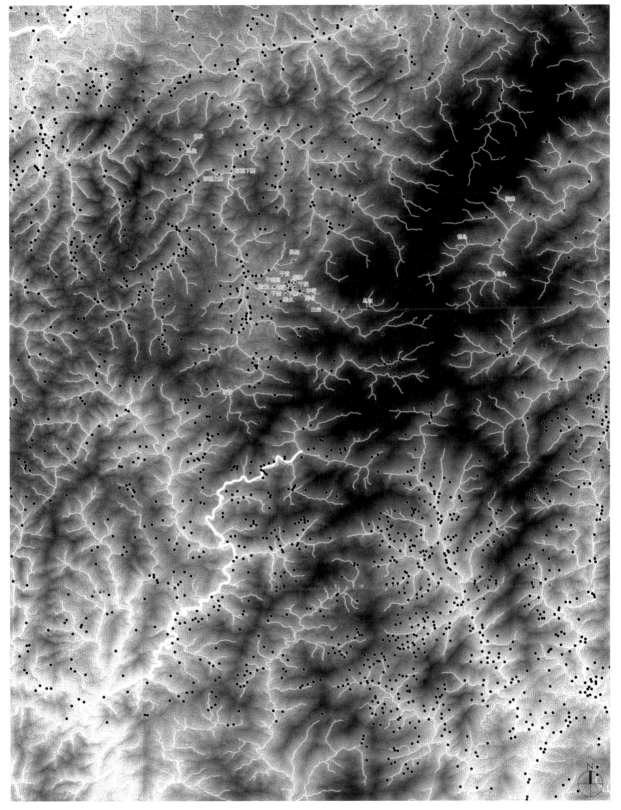

雷公山区村落分布图

雷公山陶尧河谷

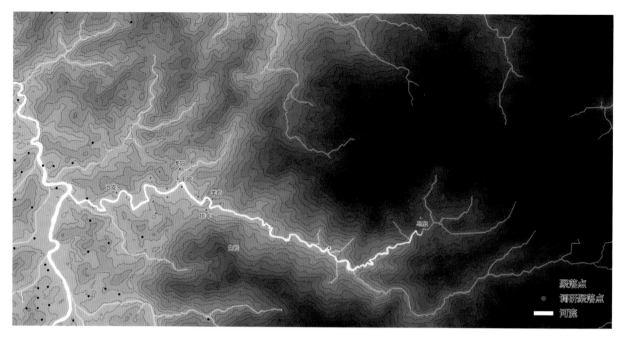

雷公山陶尧河谷平面图

聚落点
调研聚落点
河流

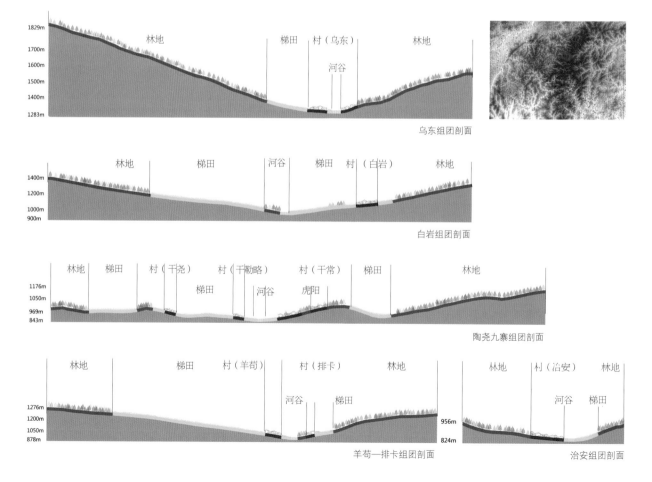

乌东组团剖面

白岩组团剖面

陶尧九寨组团剖面

羊苟—排卡组团剖面

治安组团剖面

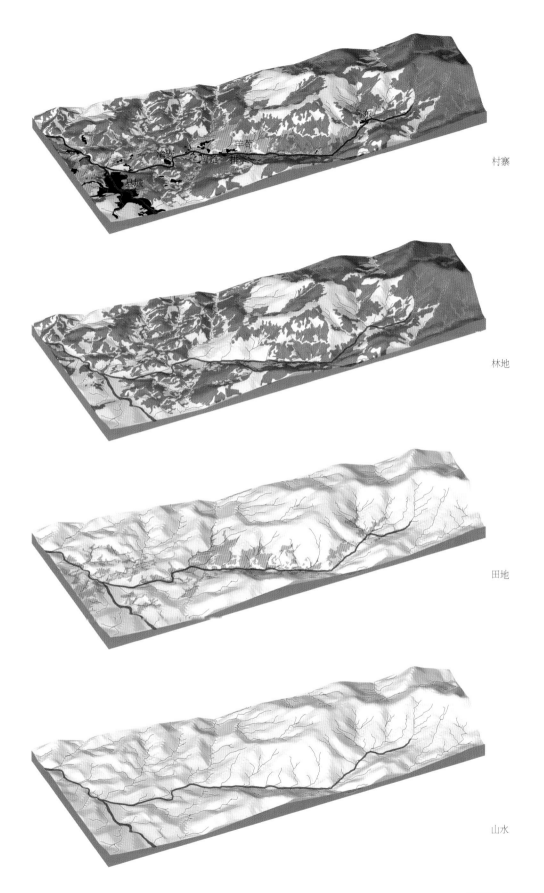

村寨

林地

田地

山水

陶尧河谷空间格局示意图

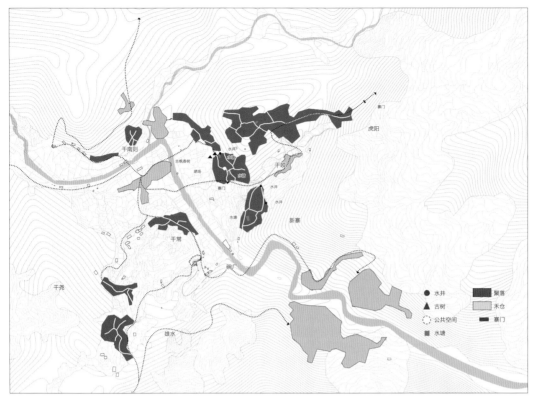

陶尧九寨组团分析图

图例:
● 水井　　■ 聚落
▲ 古树　　　 禾仓
⊙ 公共空间　 寨门
■ 水塘

雷公山区　陶尧九寨

干皎

Ganjiao

区位：贵州省雷山县丹江镇

海拔：约886m

坐标：东经108° 7′，北纬26° 23′

民族：苗族

Location: Danjiang Town, Leishan County, Guizhou Province

Altitude: 886m

Coordinate: E108° 7′，N26° 23′

Nationality: Miao

干皎

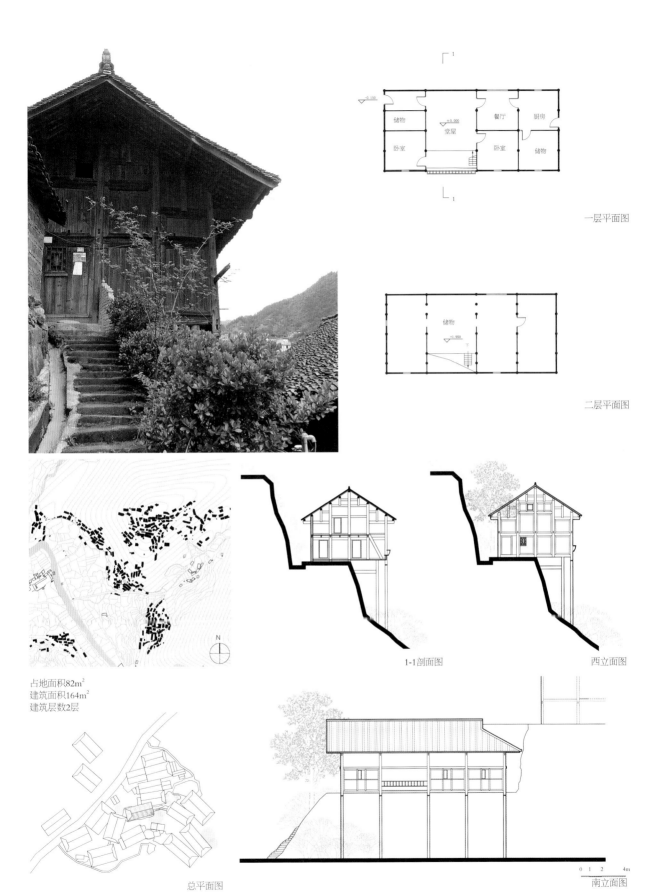

一层平面图

二层平面图

1-1剖面图　　　　　　　西立面图

占地面积82m²
建筑面积164m²
建筑层数2层

总平面图

0　1　2　　4m

南立面图

干皎　金芬轶宅

占地面积115m²
建筑面积132m²
建筑层数2层

一层平面图

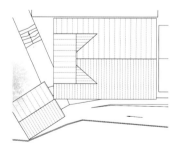

总平面图

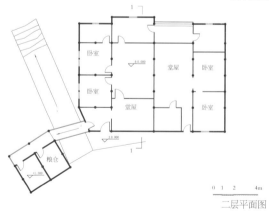

二层平面图

干皎 唐千发宅

1-1剖面图   东立面图   2-2剖面图

0 1 2 4m

西立面图   南立面图

干皎 唐千发宅

一层平面图

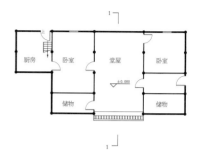

二层平面图

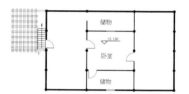

三层平面图

占地面积69m²
建筑面积154m²
建筑层数3层

东立面图   1-1剖面图

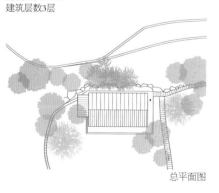

总平面图

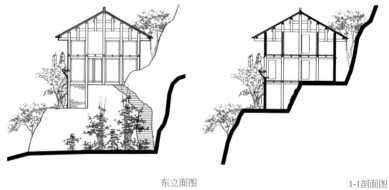

0 1 2   4m

南立面图

干皎　唐宅

乌东

Wudong

区位：贵州省雷山县丹江镇

海拔：约1300m

坐标：东经108° 10′，北纬26° 22′

民族：苗族

Location: Danjiang Town, Leishan County, Guizhou Province

Altitude: 1300m

Coordinate: E108° 10′, N26° 22′

Nationality: Miao

乌东

占地面积104m²
建筑面积104m²
建筑层数1层

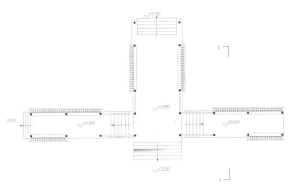

一层平面图

1-1剖面图

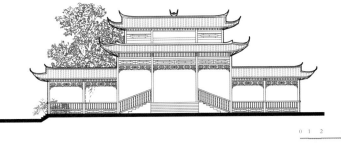

0 1 2 4m

南立面图

乌东 风雨桥（大）

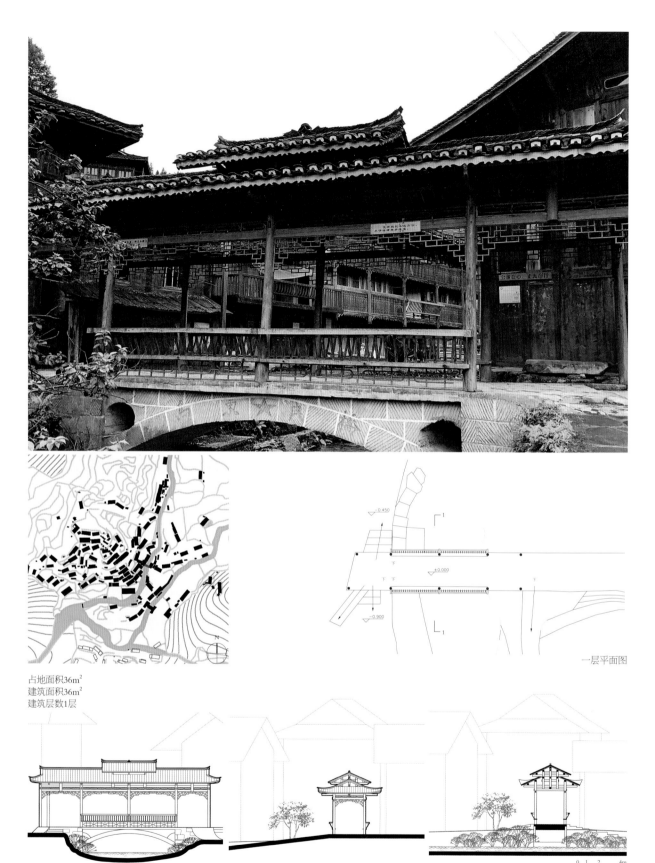

占地面积36m²
建筑面积36m²
建筑层数1层

一层平面图

南立面图   东立面图   1-1剖面图

0 1 2   4m

乌东　风雨桥（小）

占地面积31m²
建筑面积62m²
建筑层数2层

1-1剖面图

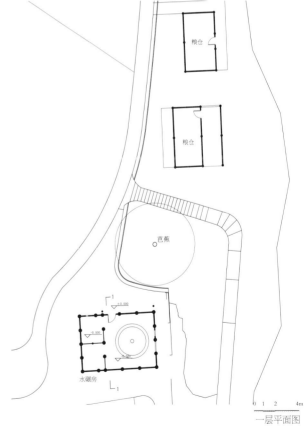

一层平面图

乌东　水碾房

总平面图   水碾房北立面图   水碾房东立面图

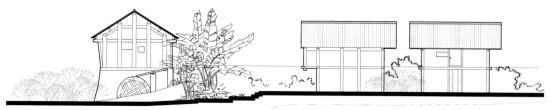

0 1 2   4m

东立面图

乌东　水碾房粮仓

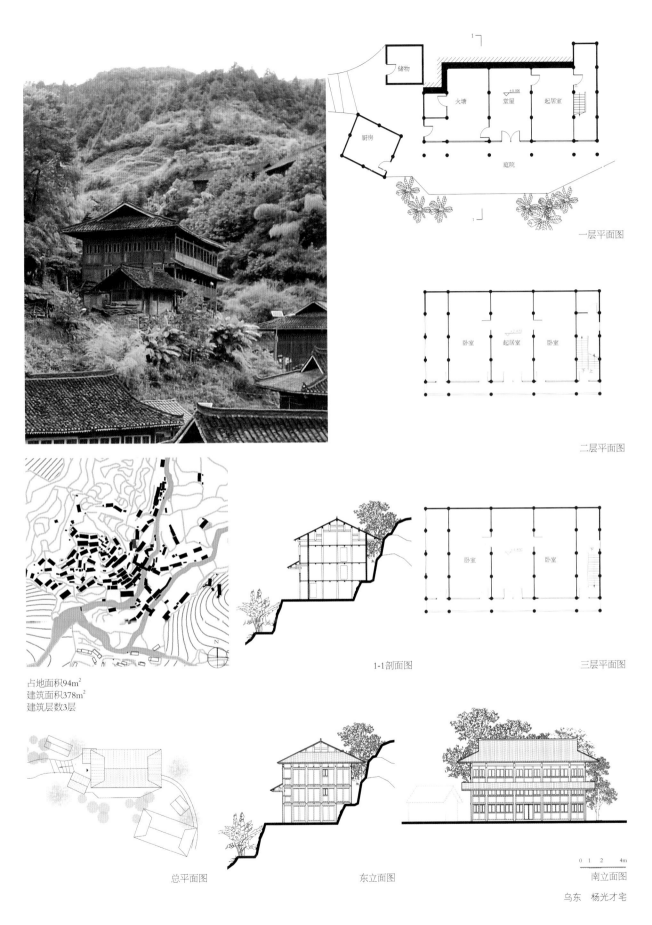

一层平面图

储物

火塘　堂屋　起居室

厨房

庭院

二层平面图

卧室　起居室　卧室

下 上

占地面积94m²
建筑面积378m²
建筑层数3层

1-1剖面图

三层平面图

卧室　卧室

下

总平面图　　　　　东立面图

0 1 2　4m

南立面图

乌东　杨光才宅

雷公山郎德河谷

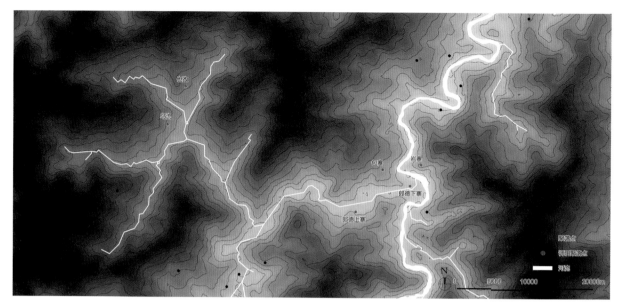

雷公山郎德河谷平面图

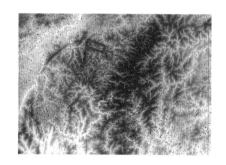

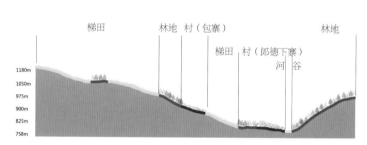

梯田　　　　　　　林地　村（包寨）　　　　　　林地

　　　　　　　　　　　　　　　　　梯田　村（郎德下寨）

　　　　　　　　　　　　　　　　　　　　　河　谷

1180m
1050m
975m
900m
825m
758m

包寨—郎德下寨剖面

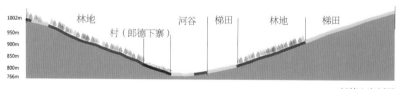

　　　　　林地　　　　村（郎德下寨）　河谷　梯田　　林地　　梯田

1002m
950m
900m
850m
800m
766m

郎德上寨剖面

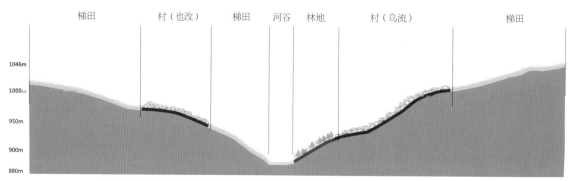

梯田　　　　村（也改）　　　梯田　　　河谷　林地　　村（乌流）　　　　　梯田

1046m
1000m
950m
900m
880m

也改—乌流组团剖面

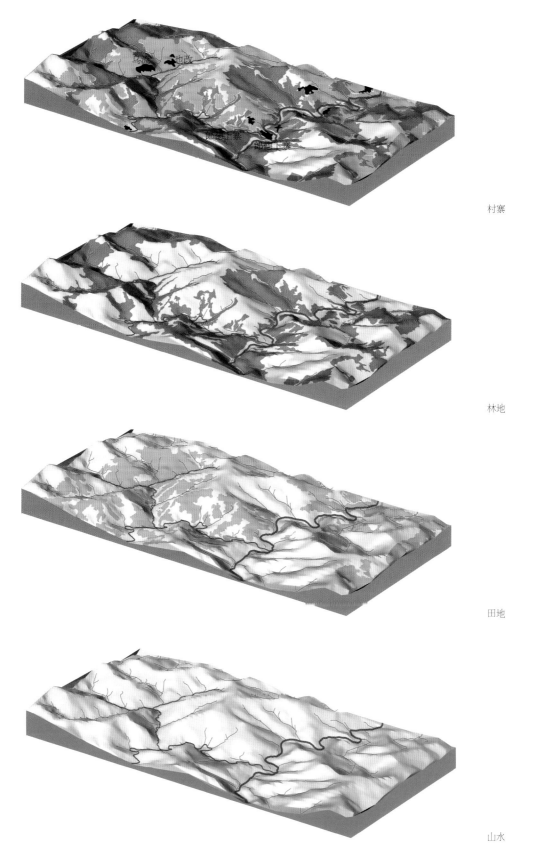

村寨

林地

田地

山水

郎德河谷空间格局示意图

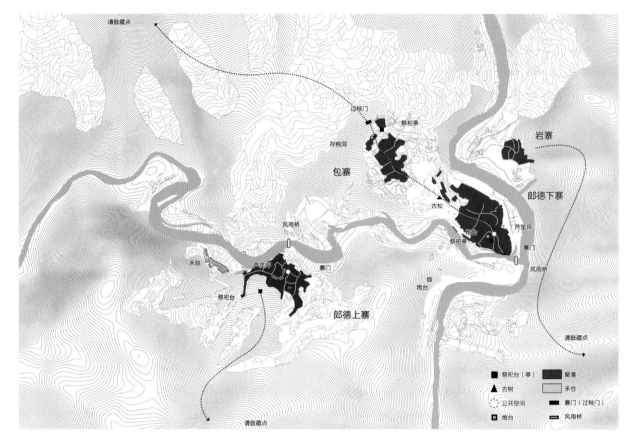

郎德上下寨组团分析图

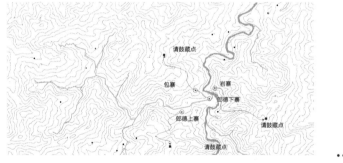

木鼓坪

芦笙坪

也改

干南友

乌流

木鼓坪（原）

鼓藏点

藏鼓岩

木鼓坪

● 水井
▲ 古树
公共空间
民居
河流
祭祀路线
道路

梯田　　稻田　　芦笙坪　　木鼓坪

乌流　也改

郎德上寨

Upper Langde

区位：贵州省雷山县郎德镇

海拔：735～1280m

坐标：东经107°58′～108°05′，北纬26°24′～26°31′

民族：苗族

Location: Langde Town，Leishan County, Guizhou Province

Altitude: 735～1280m

Coordinate: E107°58′～108°05′, N26°24′～26°31′

Nationality: Miao

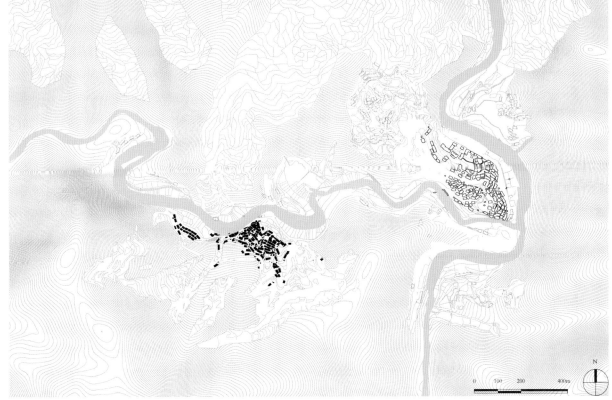

郎德上寨

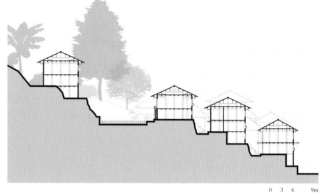

1-1剖面图

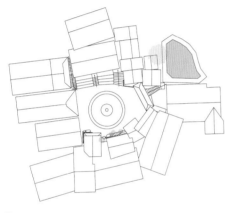

展开立面图

郎德上寨 界面

郎德下寨

Lower Langde

区位：贵州省雷山县郎德镇

海拔：735～1447m

坐标：东经108°4′，北纬26°28′

民族：苗族

Location: Langde Town，Leishan County, Guizhou Province

Altitude: 735 ·· 1447m

Coordinate: E108°4′, N26°28′

Nationality: Miao

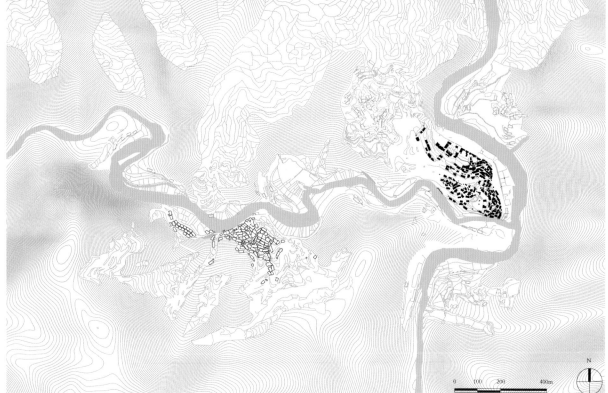

郎德下寨

0 2 4 8m

1-1剖面图

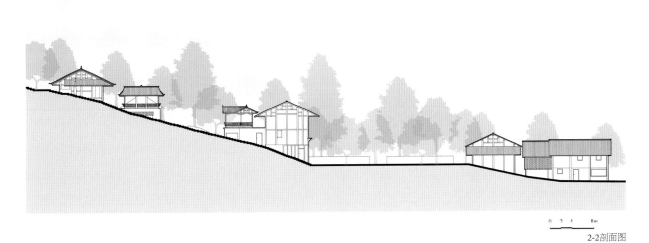

0 2 4 8m

2-2剖面图

郎德下寨 界面

占地面积85m²
建筑面积232m²
建筑层数3层

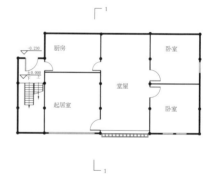

二层平面图

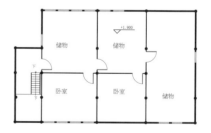

一层平面图

0 1 2 4m

三层平面图

郎德下寨 余学文宅

总平面图

1-1剖面图

南立面图

西立面图

郎德下寨　余学文宅

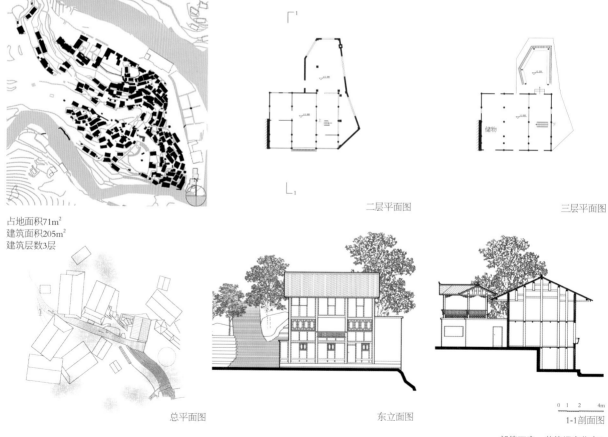

占地面积71m²
建筑面积205m²
建筑层数3层

二层平面图

三层平面图

总平面图

东立面图

0 1 2 4m

1-1剖面图

郎德下寨　芦笙坪旁住宅1

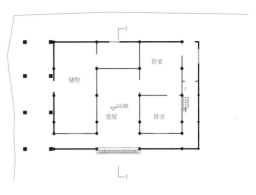

二层平面图

三层平面图

占地面积110m²
建筑面积236m²
建筑层数3层

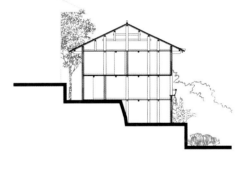

1-1剖面图

总平面图

0 1 2　4m

东立面图

郎德下寨　芦笙坪旁住宅2

乌流

Wuliu

区位：贵州省雷山县郎德镇

海拔：约920m

坐标：东经107°58′～108°05′，北纬26°24′～26°31′

民族：苗族

Location: Langde Town, Leishan County, Guizhou Province

Altitude: 920m

Coordinate: E107°58′～108°05′, N26°24′～26°31′

Nationality: Miao

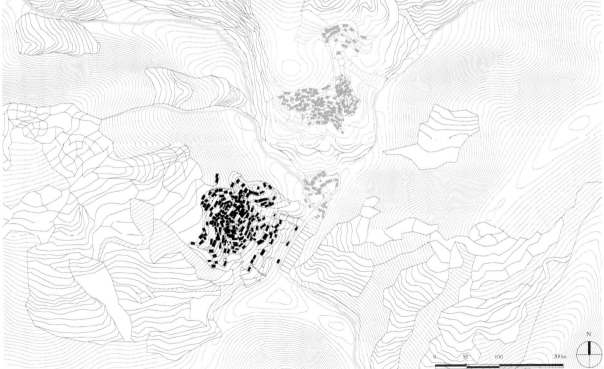

乌流

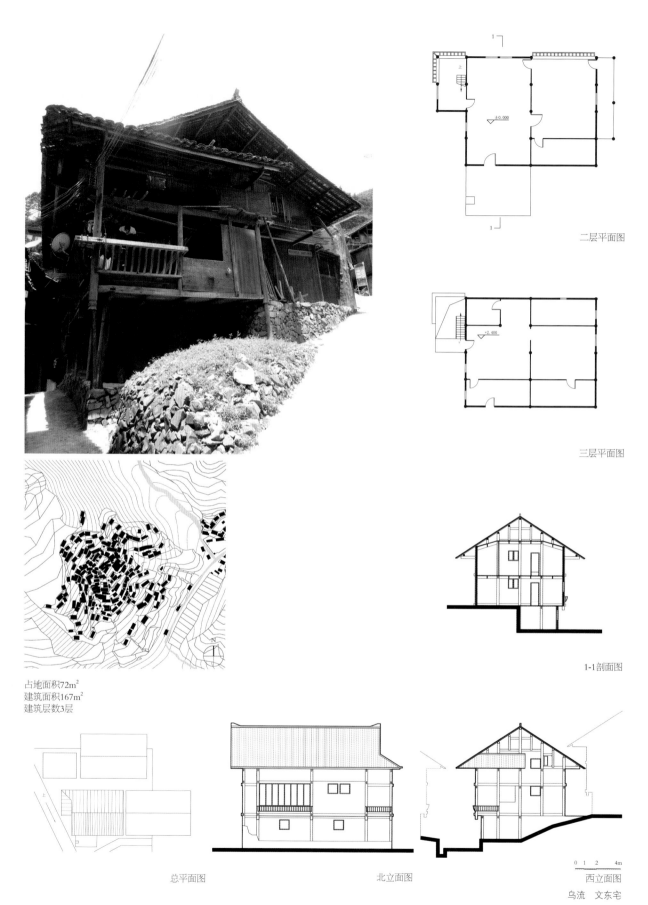

二层平面图

±0.000

三层平面图

+2.400

1-1剖面图

占地面积72m²
建筑面积167m²
建筑层数3层

总平面图　　　　　　　　北立面图

0 1 2　4m

西立面图

乌流　文东宅

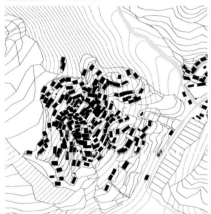

占地面积122m²
建筑面积154m²
建筑层数2层

一层平面图

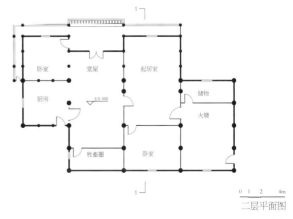

0 1 2　4m

二层平面图

乌流　文宅

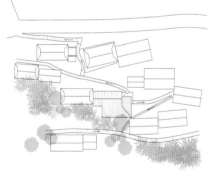

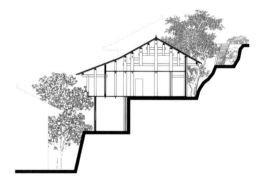

总平面图

1-1剖面图

南立面图

东立面图

0 1 2 4m

乌流 文宅

也改

Yegai

区位：贵州省雷山县郎德镇

海拔：约965m

坐标：东经107°55′~108°22′，北纬26°02′~26°34′

民族：苗族

Location: Langde Town, Leishan County, Guizhou Province

Altitude: 965m

Coordinate: E107°55′~108°22′，N26°02′~26°34′

Nationality: Miao

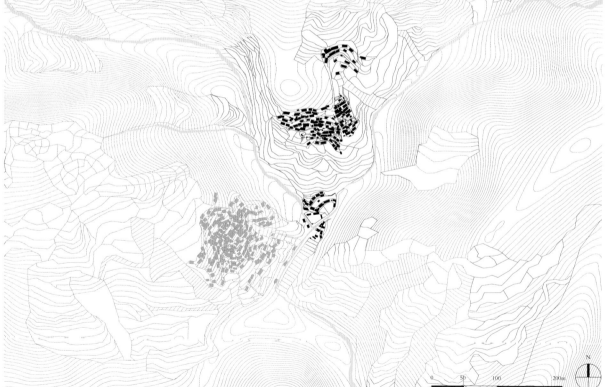

也改

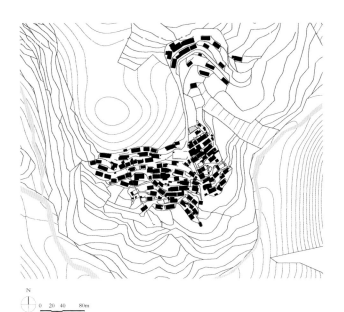

N
0 20 40 80m

0 1.5 3 6m

1-1剖面

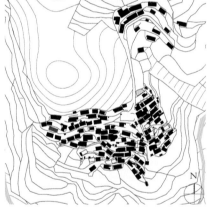

占地面积146m²
建筑面积322m²
建筑层数3层

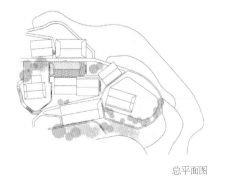

总平面图

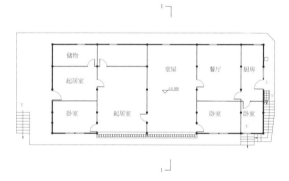

二层平面图

0 1 2 4m

三层平面图

也改 杨登荣宅

1-1剖面图

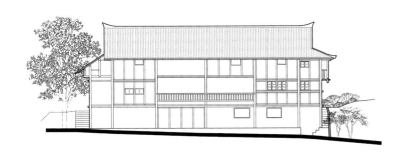

南立面图

0 1 2   4m

东立面图

也改　杨登荣宅

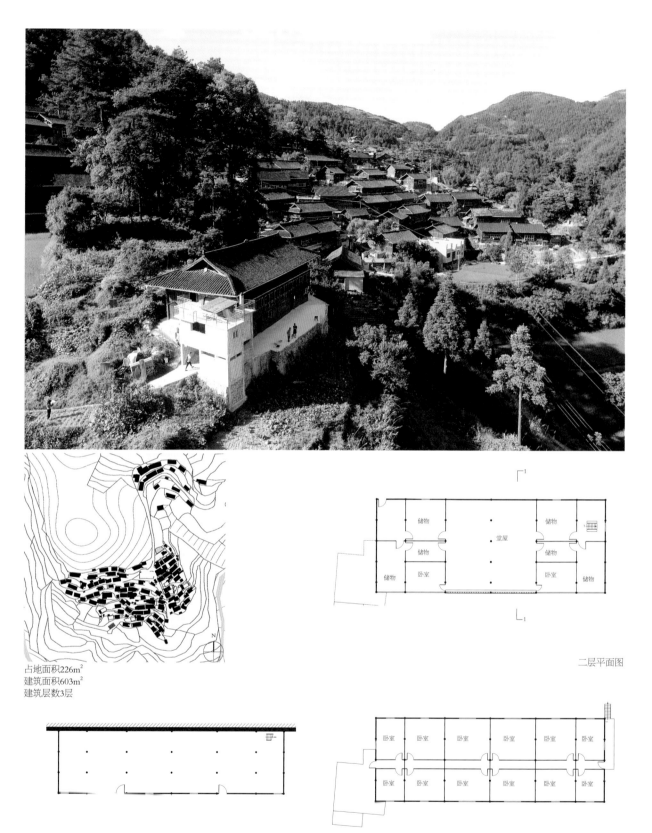

占地面积226m²
建筑面积603m²
建筑层数3层

二层平面图

一层平面图

三层平面图

也改　杨勇宅

0　1　2　　4m

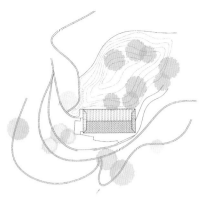

总平面图

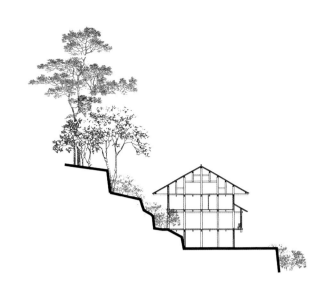

1-1剖面图

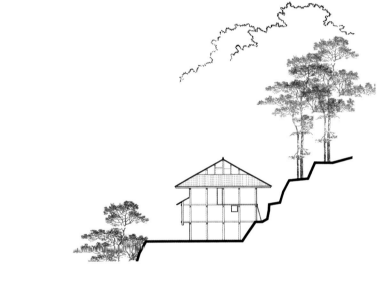

东立面图

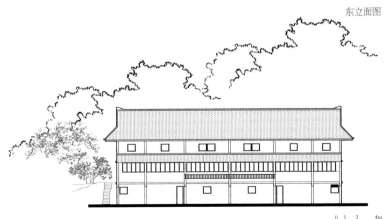

0 1 2 4m

南立面图

也改 杨勇宅

格头

Getou

区位：贵州省雷山县方祥乡

海拔：约1030m

坐标：东经108°16′，北纬26°24′

民族：苗族

人口：约580人

Location: Fangxiang Town, Leishan County, Guizhou Province

Altitude: 1030m

Coordinate: E108°16′, N26°24′

Nationality: Miao

Population: 580

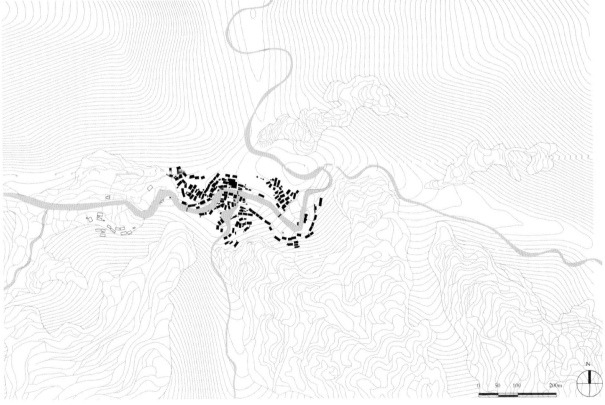

格头

占地面积82m²
建筑面积278m²
建筑层数4层

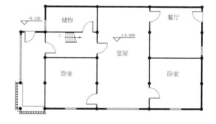

二层平面图

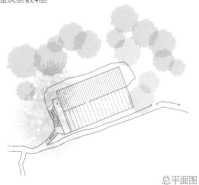

总平面图

0 1 2 4m

三层平面图

格头 杨光中宅

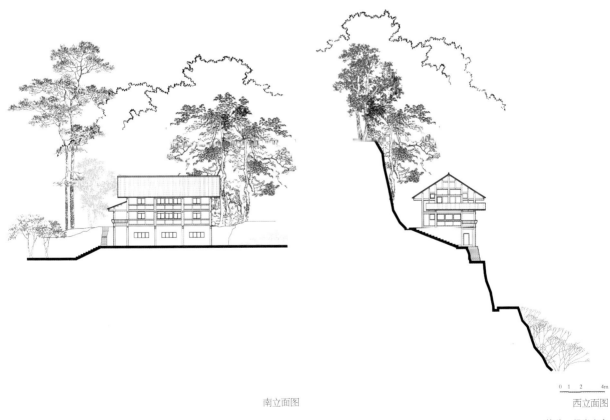

南立面图　　　　　　　　　　　　　　　　　　　西立面图

0　1　2　　4m

格头　杨光中宅

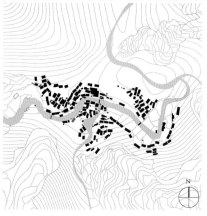

占地面积89m²
建筑面积200m²
建筑层数3层

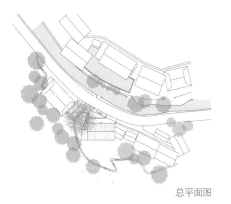

总平面图

一层平面图

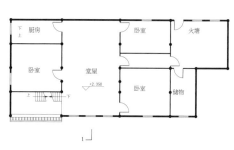

二层平面图

0 1 2 4m

三层平面图

格头 杨光华宅

1-1剖面图

北立面图

0 1 2   4m

东立面图

格头　杨光华宅

陡寨

Douzhai

区位：贵州省雷山县方祥乡

海拔：约1040m

坐标：东经108° 16′, 北纬26° 27′

民族：苗族

Location: Fangxiang Town, Leishan County, Guizhou Province

Altitude: 1040m

Coordinate: E108° 16′, N26° 27′

Nationality: Miao

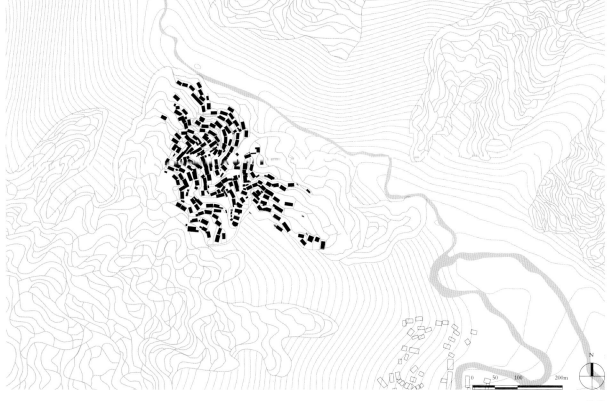

陡寨

N

0 20 40   80m

A

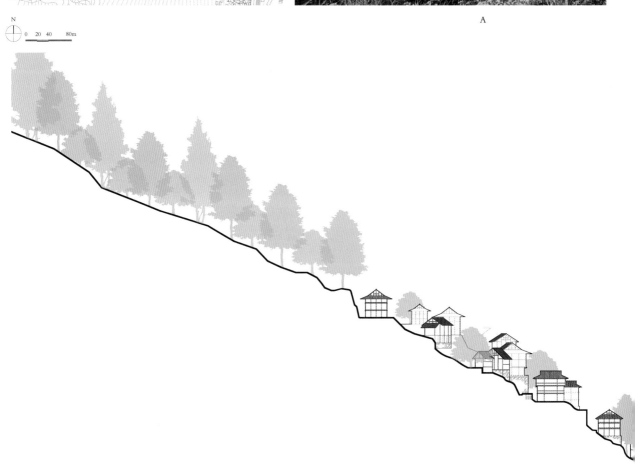

0 3 6   12m

1-1剖面图

B

C

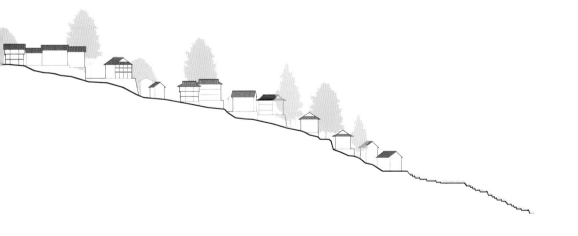

陡寨　界面

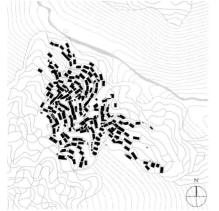

占地面积91m²
建筑面积200m²
建筑层数3层

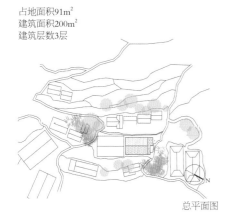

总平面图

1

二层平面图

0 1 2   4m

三层平面图

陡寨　杨通华宅

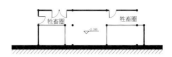

一层平面图

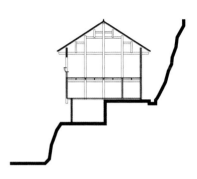

1-1剖面图

东立面图

南立面图

北立面图

0 1 2 4m

陡寨 杨通华宅

占地面积120m²
建筑面积289m²
建筑层数3层

二层平面图

一层平面图

三层平面图

陡寨 杨炳森宅

总平面图

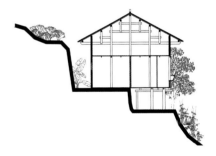

1-1剖面图

南立面图

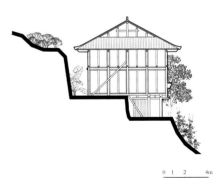

西立面图

陡寨　杨炳森宅

新桥

Xinqiao

区位：贵州省雷山县大塘镇

海拔：约945m

坐标：东经108° 4′，北纬26° 19′

民族：苗族

人口：约970人

Location: Datang Town, Leishan County, Guizhou Province

Altitude: 945m

Coordinate: E108° 4′，N26° 19′

Nationality: Miao

Population: 970

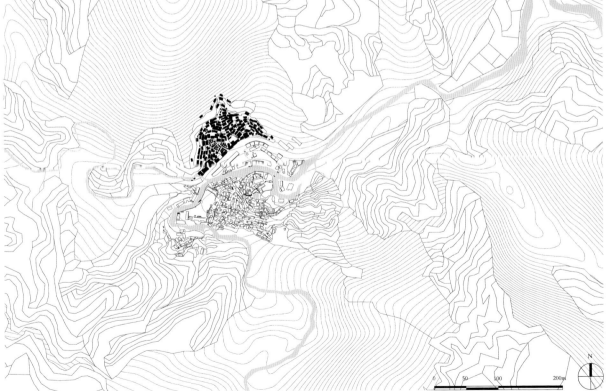

新桥

N
0 30 60   90m

0 3 6   12m

1-1立面图

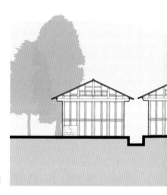

N
0 10 20   40m

0 3 6   12m

2-2立面图

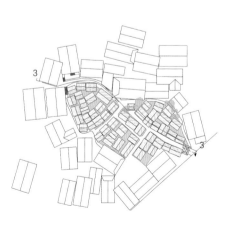

N
0 10 20   40m

0 3 6   12m

3-3立面图

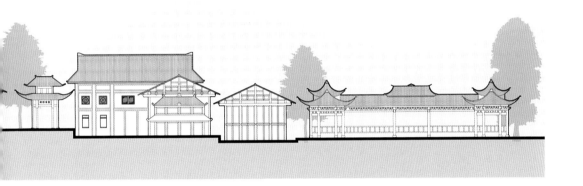

新桥　界面

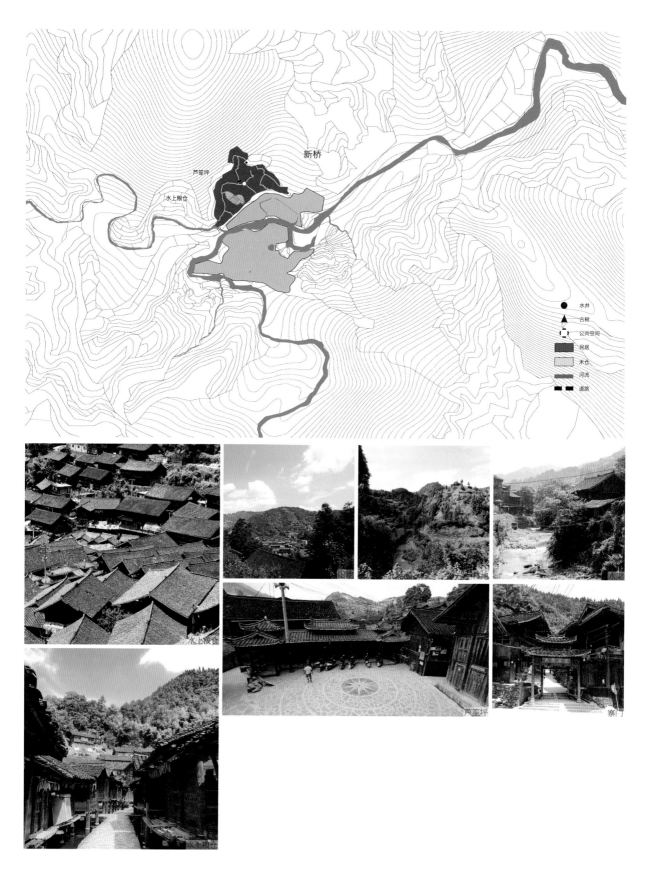

新桥

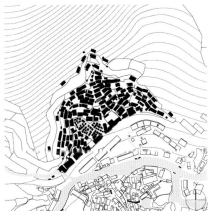

占地面积53m²
建筑面积175m²
建筑层数3层

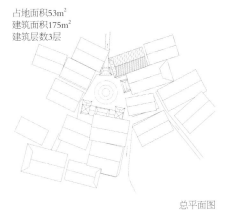

总平面图

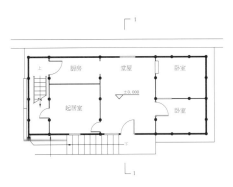

二层平面图

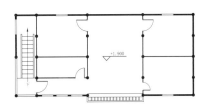

0 1 2   4m

三层平面图

新桥 王宅

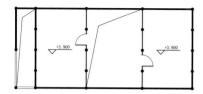

四层平面图

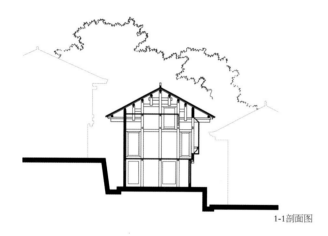

1-1剖面图

南立面图

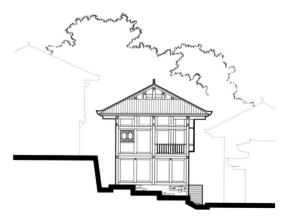

0 1 2 4m

西立面图

新桥 王宅

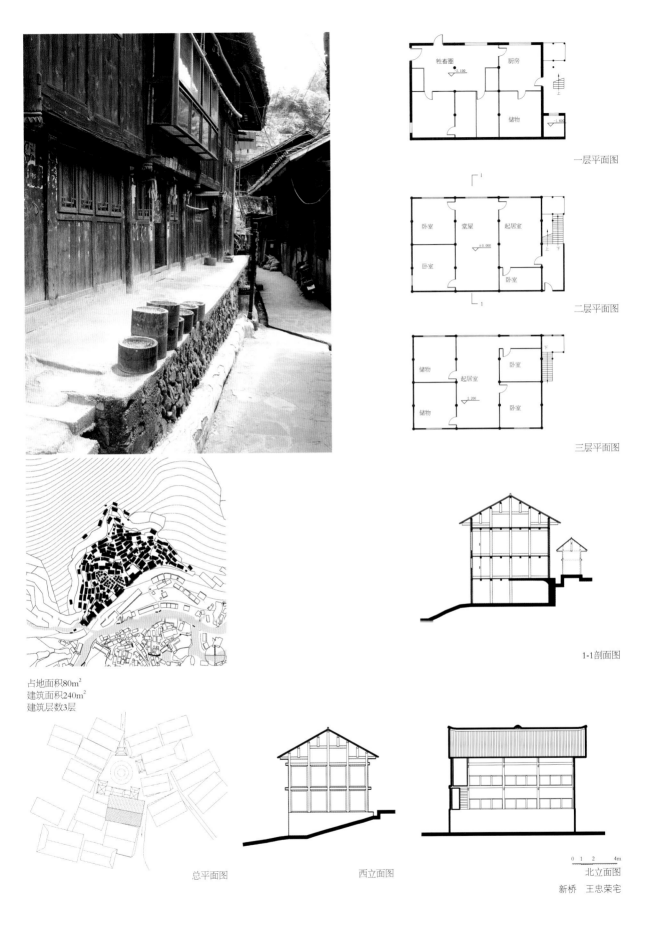

一层平面图

二层平面图

三层平面图

1-1剖面图

占地面积80m²
建筑面积240m²
建筑层数3层

总平面图

西立面图

0 1 2 4m

北立面图

新桥 王忠荣宅

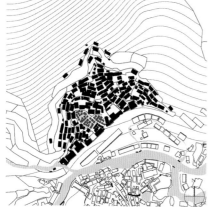

建筑层数1层

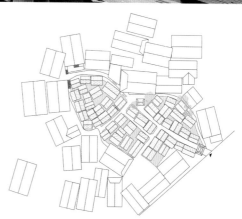

总平面

粮仓样式一正立面图

粮仓样式一侧立面图

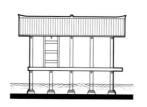

粮仓样式二正立面图

0 1 2   4m

粮仓样式二侧立面图

新桥 粮仓

月亮山区

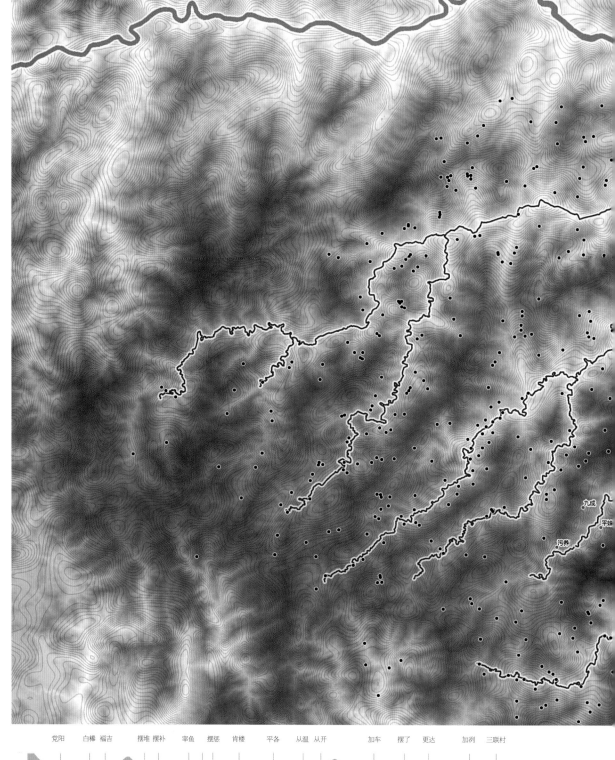

党阳　白棒　福吉　　摆堆 摆补　宰鱼　摆惩　肯楼　　平各　　从温 从开　　加车　摆了　更达　　加冽　三联村

从江流域剖面图

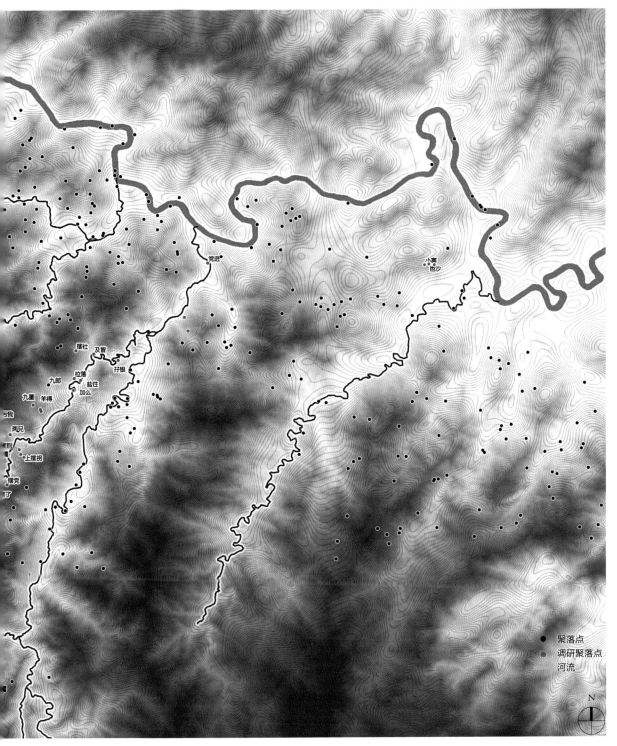

党进

小寨
岜沙

摆社　及皆
　　　孖银
拉落
九郎　盐往
加么
九星　羊得
我
两兄
别夏
上摆拐
摆党
叮

● 聚落点
◉ 调研聚落点
　河流

N

月亮山区村落分布图

月亮山区加车河谷

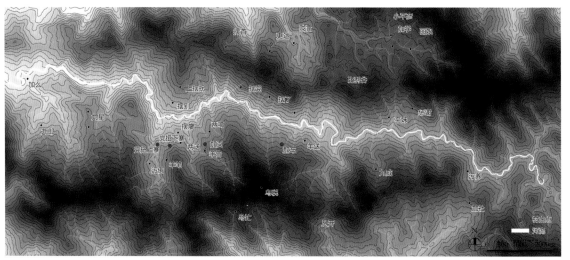

加车河谷平面图

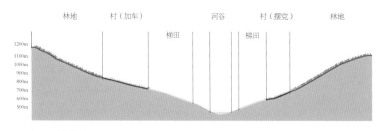

加车组团剖面

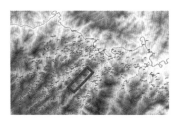

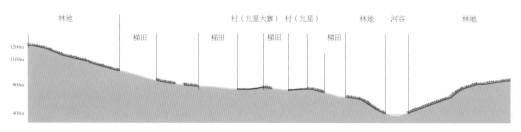

九星组团剖面

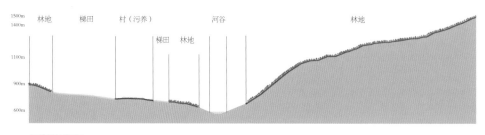

污养组团剖面

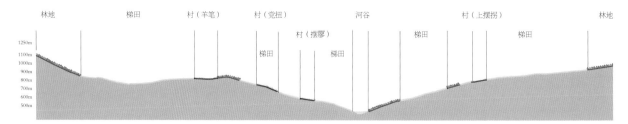

党扭组团剖面

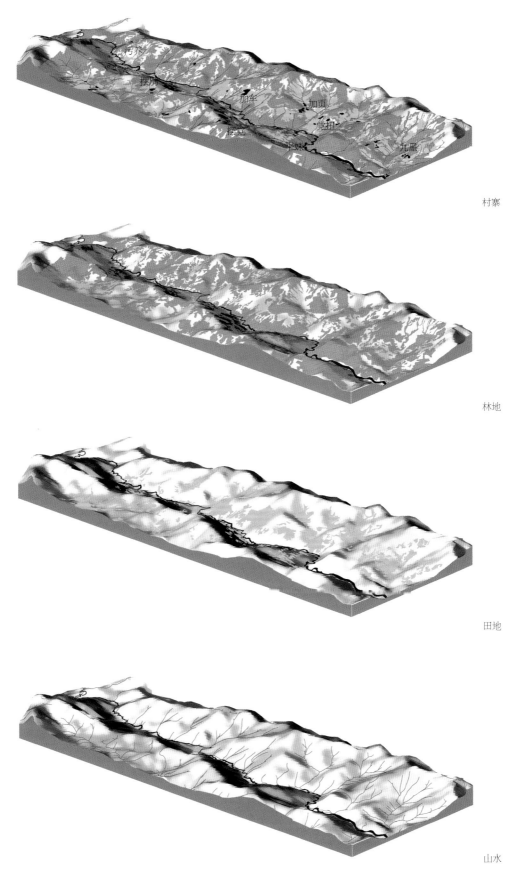

村寨

林地

田地

山水

加车河谷空间格局示意图

党扭

Dangniu

区位：贵州省从江县加榜乡

海拔：632～847m

坐标：东经108° 33′～108° 37′，北纬26° 53′

民族：苗族

Location: Jiabang Town, Congjiang County, Guizhou Province

Altitude: 632～847m

Coordinate: E108° 33′～108° 37′，N26° 53′

Nationality: Miao

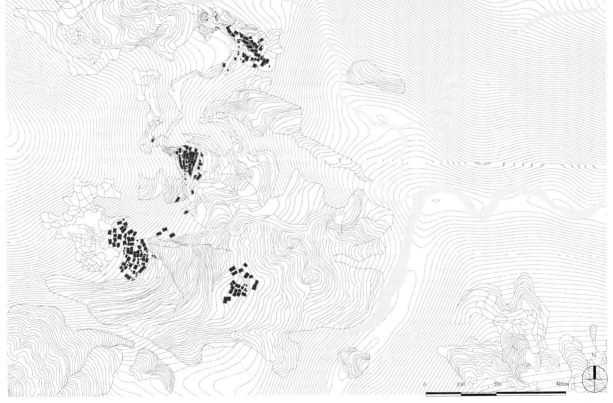

党扭

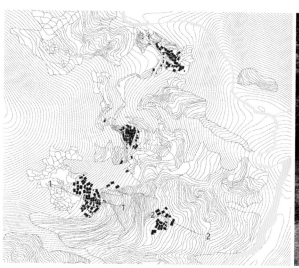

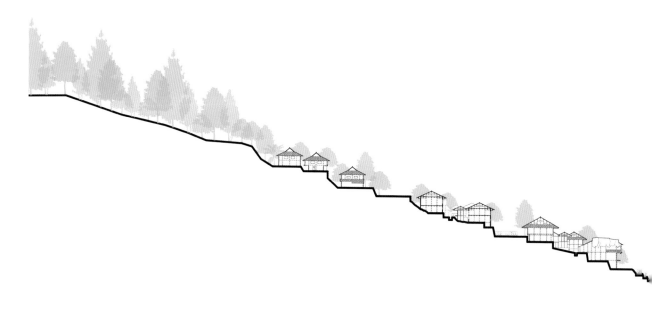

1-1剖面图

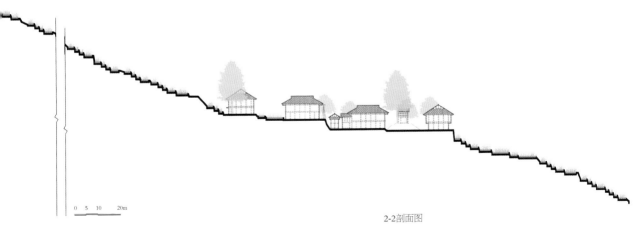

2-2剖面图

0 5 10   20m

党扭 界面

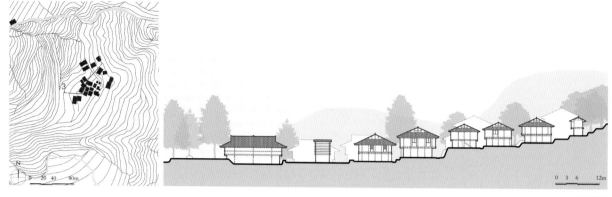

3-3立面图

党扭　界面

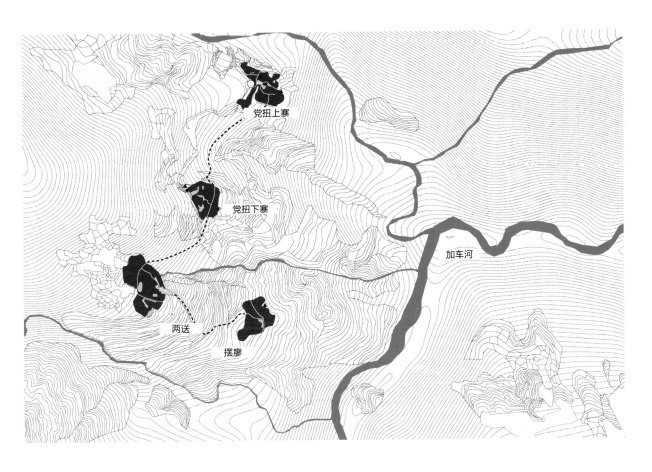

党扭上寨

党扭下寨

加车河

两送

摆廖

田地

田地

党扭

占地面积91m²
建筑面积196m²
建筑层数2层

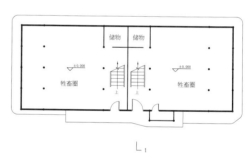

一层平面图

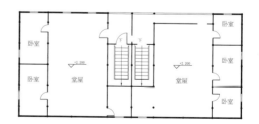

0 1 2   4m

二层平面图

党扭 王宅

总平面图

1-1剖面图

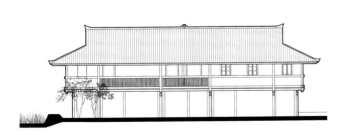

南立面图

0　1　2　　4m

东立面图

党扭　王宅

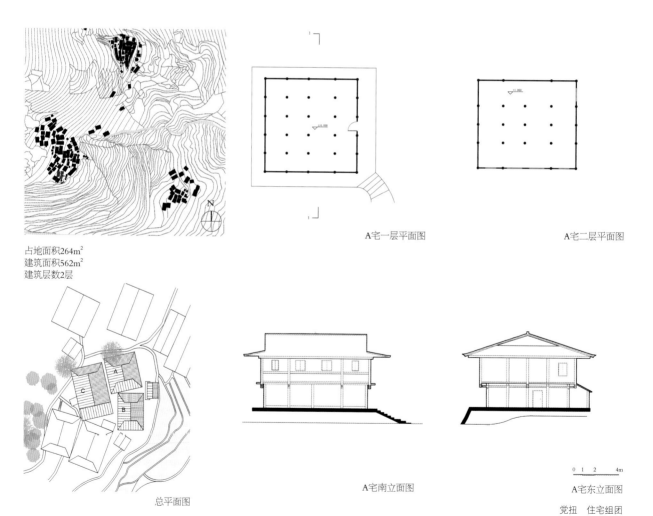

占地面积264m²
建筑面积562m²
建筑层数2层

A宅一层平面图

A宅二层平面图

总平面图

A宅南立面图

A宅东立面图

党扭 住宅组团

0 1 2 4m

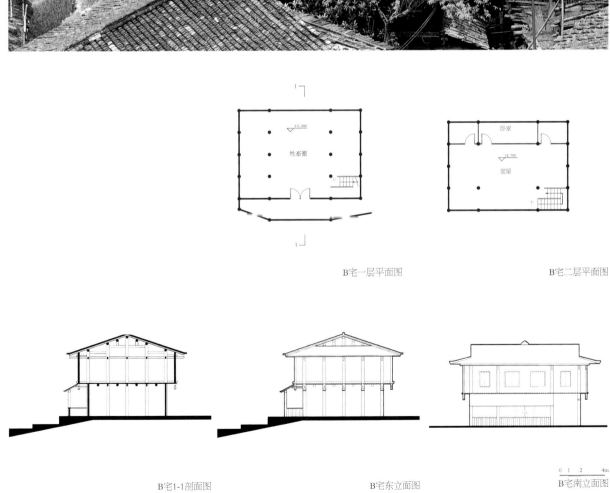

B宅一层平面图   B宅二层平面图

B宅1-1剖面图   B宅东立面图   B宅南立面图

党扭　住宅组团

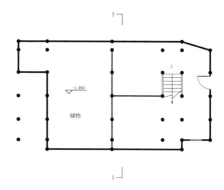

C宅一层平面图

储物

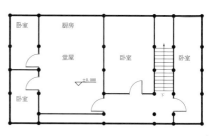

卧室　厨房

堂屋　卧室　卧室

卧室

C宅二层平面图

C宅东立面图

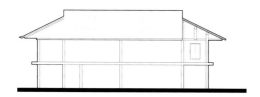

C宅南立面图

0　1　2　　　4m

C宅1-1剖面图

党扭　住宅组团

加页

Jiaye

区位：贵州省从江县加榜乡

海拔：约728m

坐标：东经108° 36′，北纬25° 37′

民族：苗族

Location: Jiabang Town, Congjiang County, Guizhou Province

Altitude: 728m

Coordinate: E108° 36′，N25° 37′

Nationality: Miao

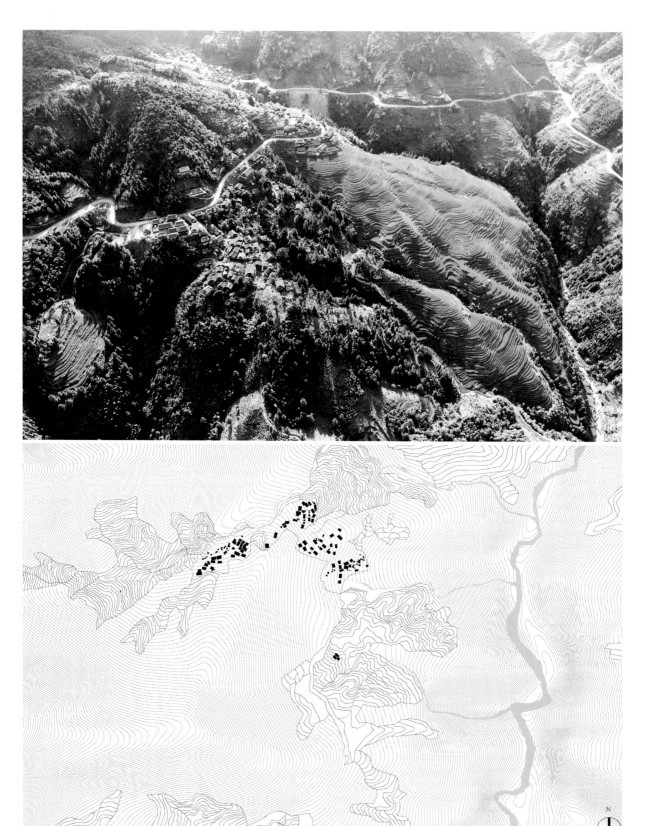

加页

羊告

加页

加车河

山间冲沟

禾晾

梯田

两嘎

林地

禾晾

古树

禾晾

冰渠

加页

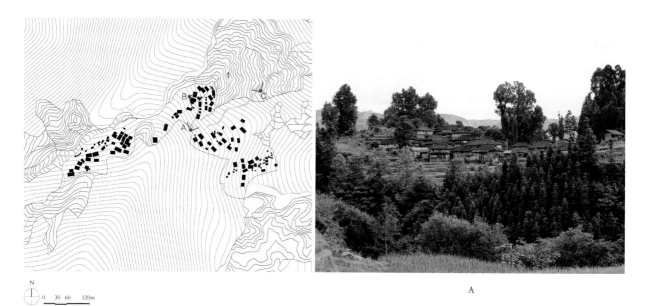

A

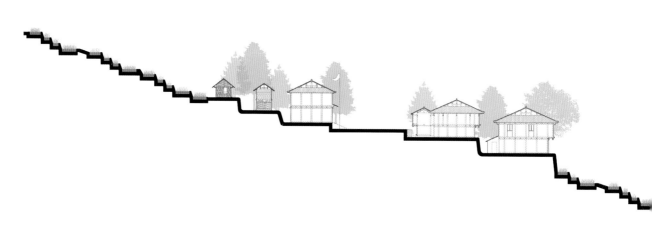

0 5 10   20m

1-1剖面图

B
C

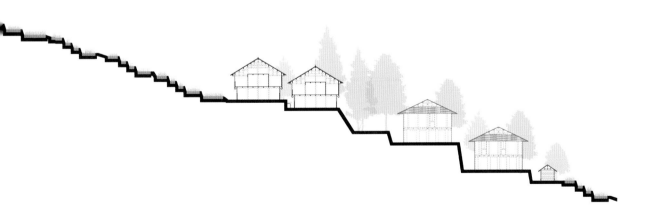

占地面积209m²
建筑面积485m²
建筑层数2层

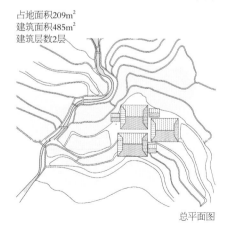

总平面图

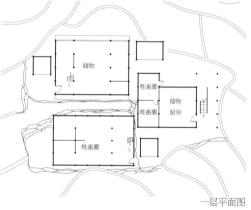

一层平面图

二层平面图

加页 三宅组团

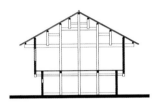

1-1剖面图

2-2剖面图

3-3剖面图

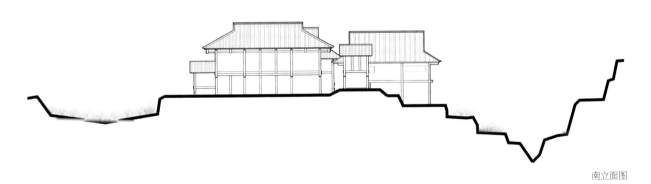

南立面图

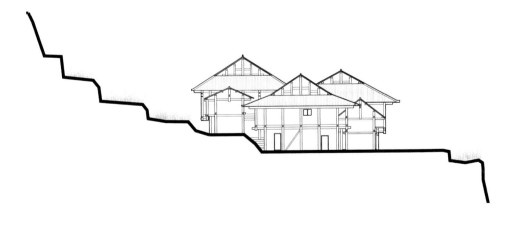

0 1 2 4m

西立面图

加页　三宅组团

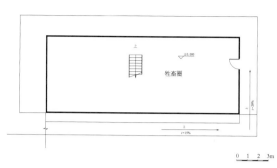

0 1 2 3m

一层平面图

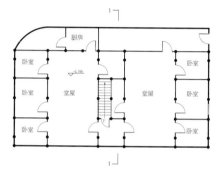

0 1 2 3m

二层平面图

占地面积128m²
建筑面积224m²
建筑层数2层

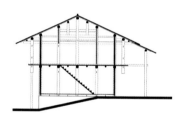

1-1剖面图

东立面图

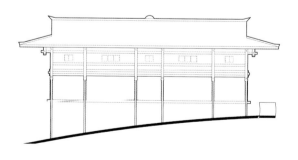

0 1 2 4m

南立面图

加页 王老付宅

加车

Jiache

区位：贵州省从江县加榜乡

海拔：837m

坐标：东经108°34′，北纬25°35′

民族：苗族

Location: Jiabang Town, Congjiang County, Guizhou Province

Altitude: 837m

Coordinate: E108°34′，N25°35′

Nationality: Miao

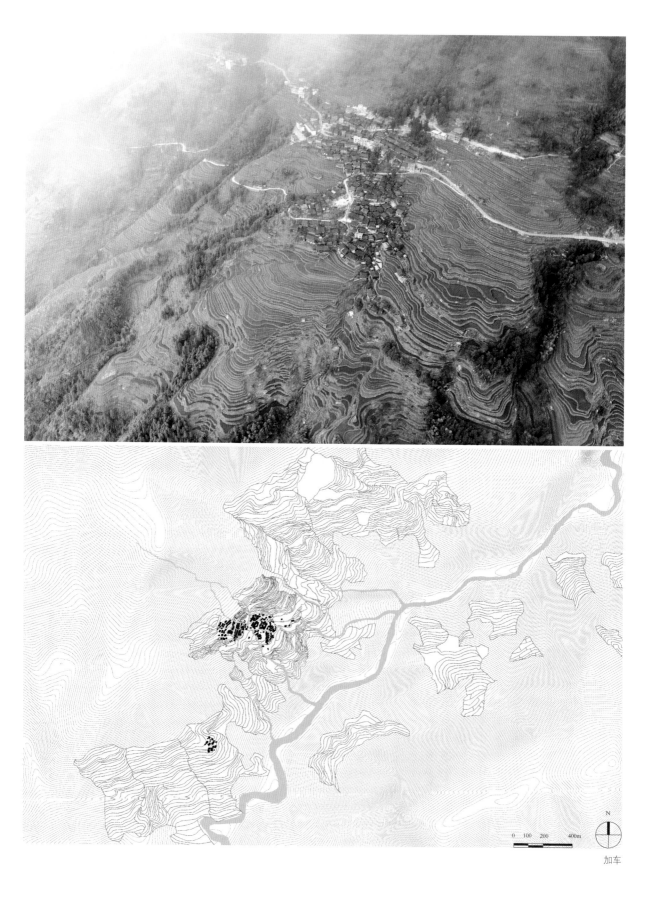

加车

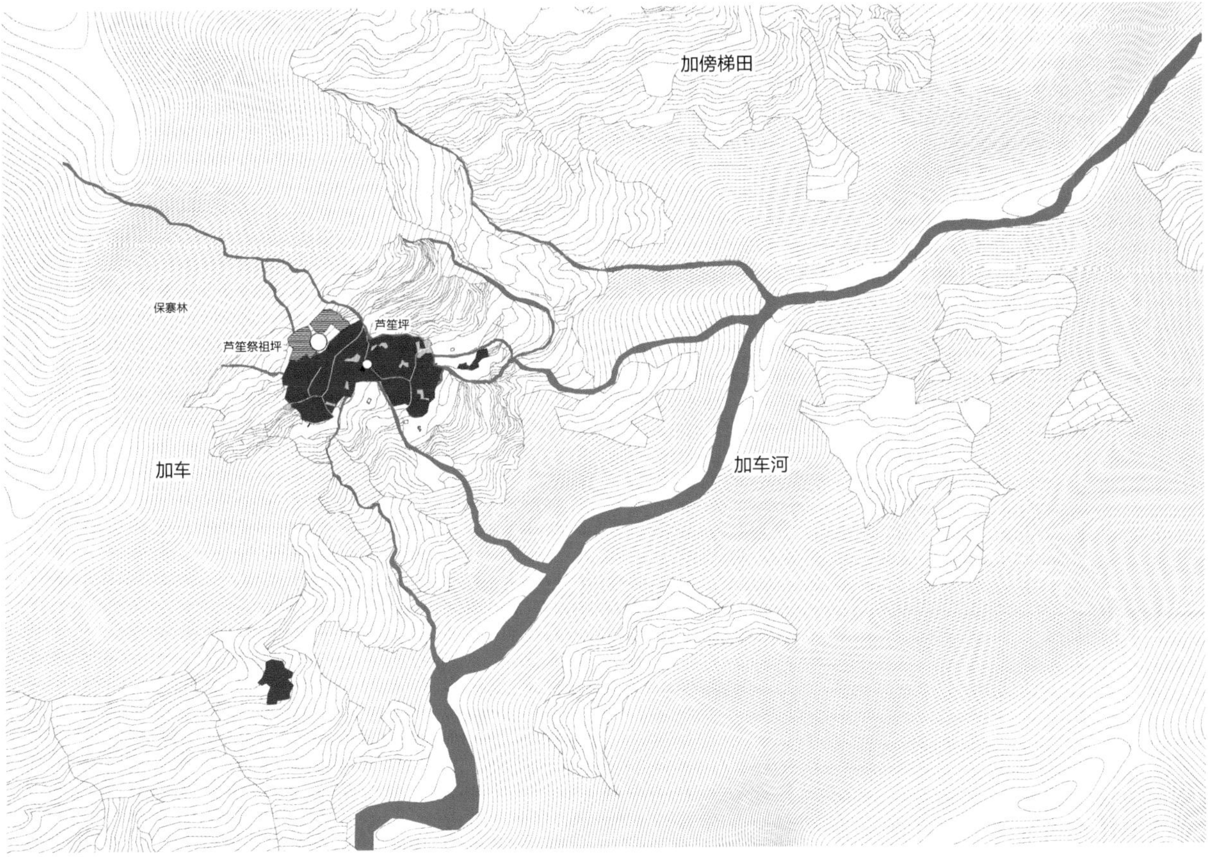
加傍梯田
保寨林
芦笙坪
芦笙祭祖坪
加车
加车河

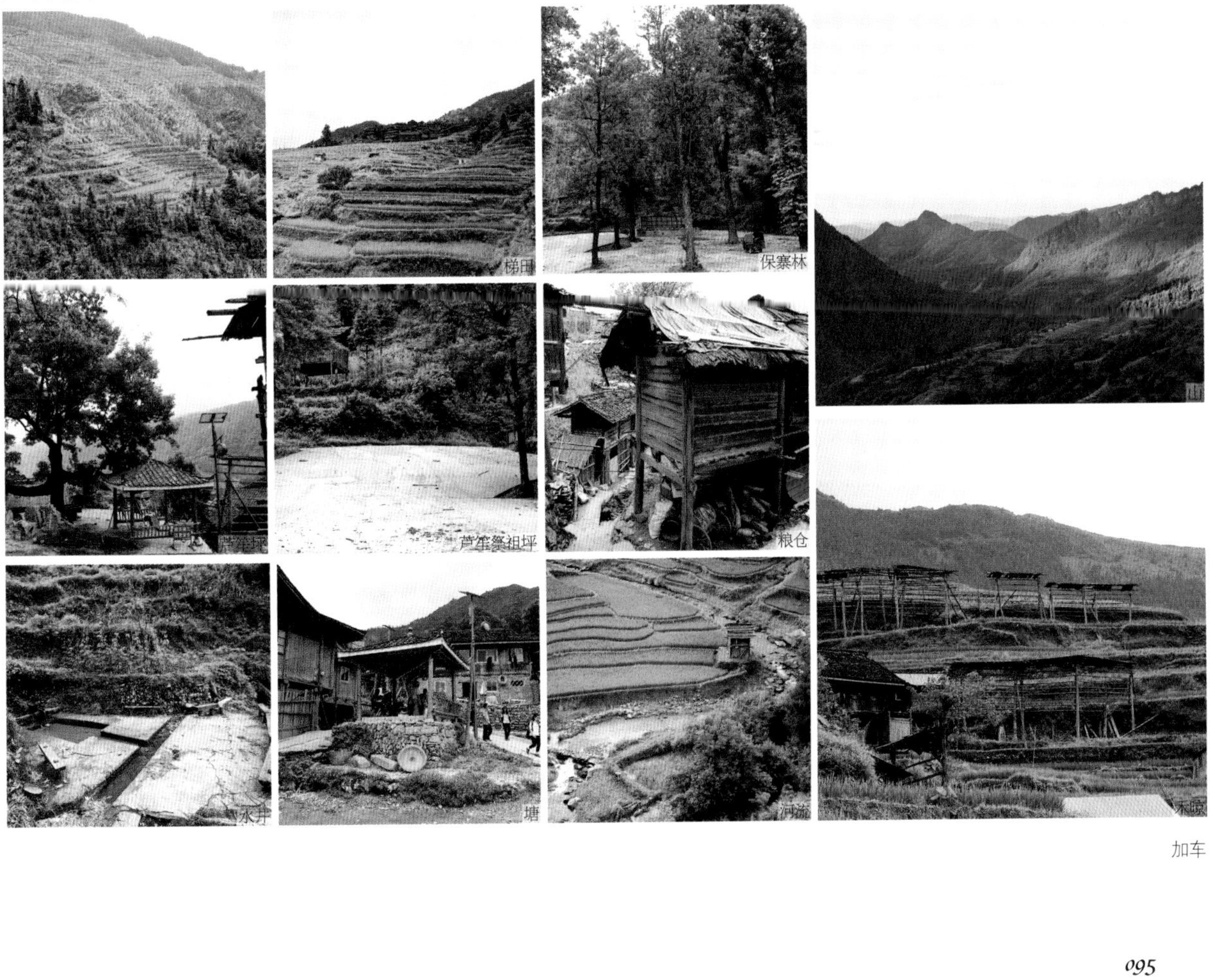
梯田
保寨林
芦笙祭祖坪
粮仓
水井
塘

加车

N
0 20 40 80m

A

0 3 6 12m

1-1剖面图

B

C

加车　界面

二层平面图

总平面图

三层平面图

占地面积57m²
建筑面积131m²
建筑层数3层

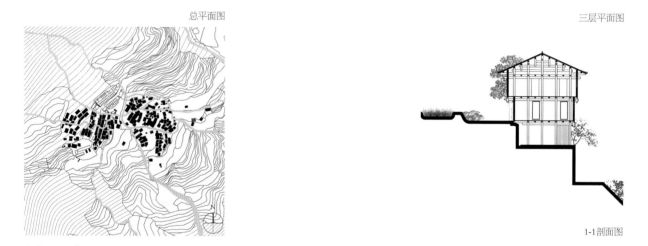

1-1剖面图

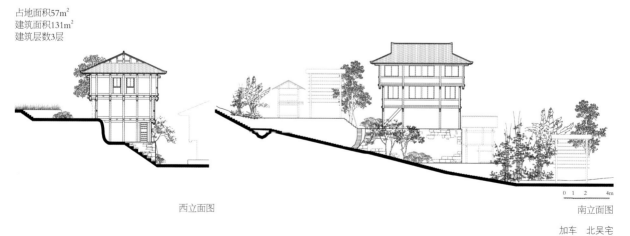

西立面图

南立面图

加车　北吴宅

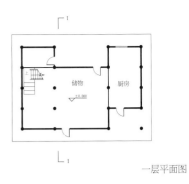

一层平面图

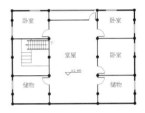

二层平面图

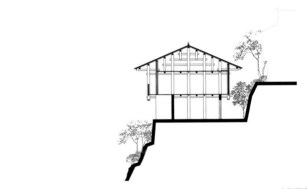

1-1剖面图

占地面积52m²
建筑面积144m²
建筑层数3层

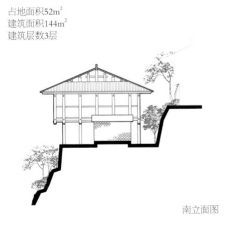

南立面图

0　1　2　　4m

东立面图

加车　南吴宅

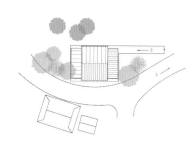

总平面图

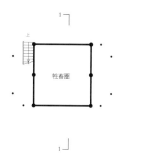

一层平面图

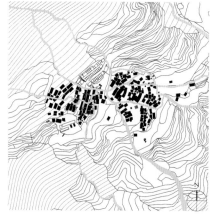

占地面积18m²
建筑面积50m²
建筑层数2层

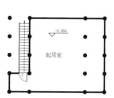

二层平面图

1-1剖面图   东立面图   南立面图

加车 某宅

岜沙

Basha

区位：贵州省从江县丙妹镇

海拔：约660m

坐标：东经108°51′，北纬25°43′

民族：苗族

Location: Bingmei Town, Congjiang County, Guizhou Province

Altitude: 660m

Coordinate: E108°51′，N25°43′

Nationality: Miao

岜沙

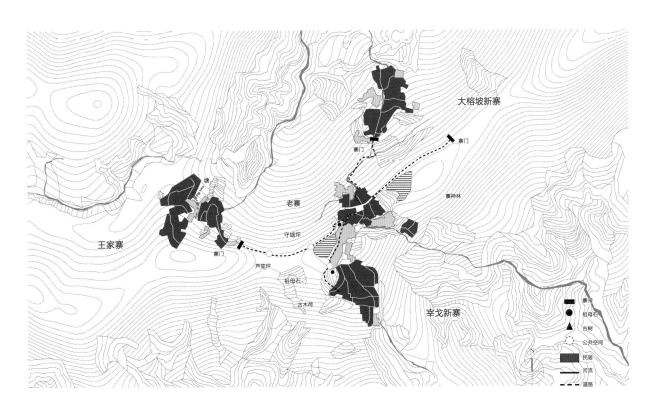

岜沙

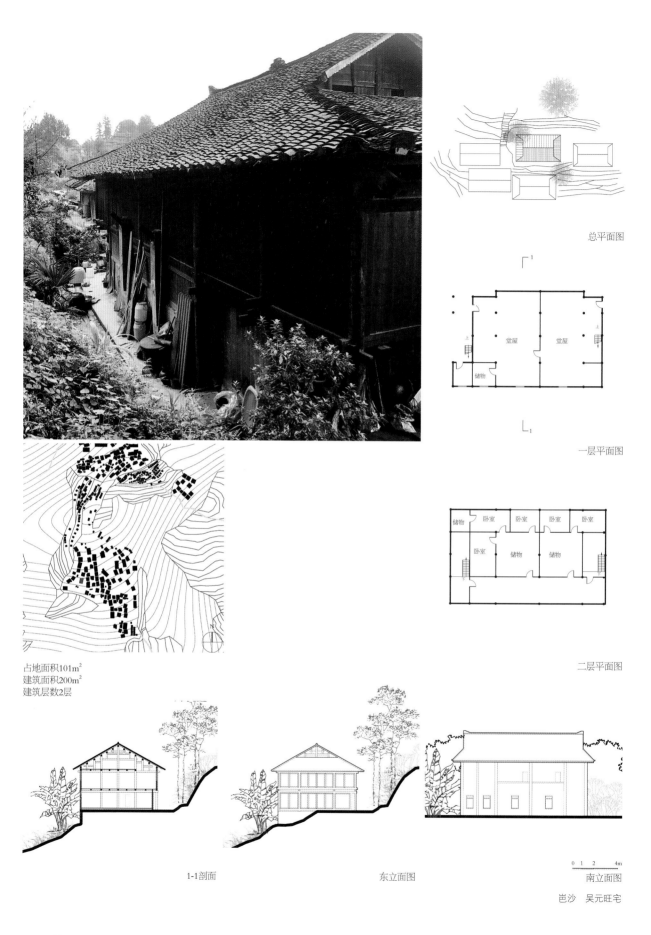

总平面图

堂屋　堂屋

储物

一层平面图

储物　卧室　卧室　卧室　卧室

卧室　储物　储物

二层平面图

占地面积101m²
建筑面积200m²
建筑层数2层

0 1 2 4m

1-1剖面　　　　　　东立面图　　　　　　南立面图

岜沙　吴元旺宅

总平面

一层平面图

| 厨房 | 储物 | 堂屋 | |
| 起居室 | | | 储物 |

二层平面图

| 储物 | 储物 | 卧室 | |
| 卧室 起居室 | | 起居室 | 卧室 卧室 |

占地面积118m²
建筑面积248m²
建筑层数2层

0 1 2   4m

1-1剖面   东立面图   南立面图

芭沙 滚宅

专题照片

河谷　雷公山区　陶尧河谷

河谷　雷公山区　方祥河谷

河谷 月亮山区 加车河谷

河谷　月亮山区　加车河谷

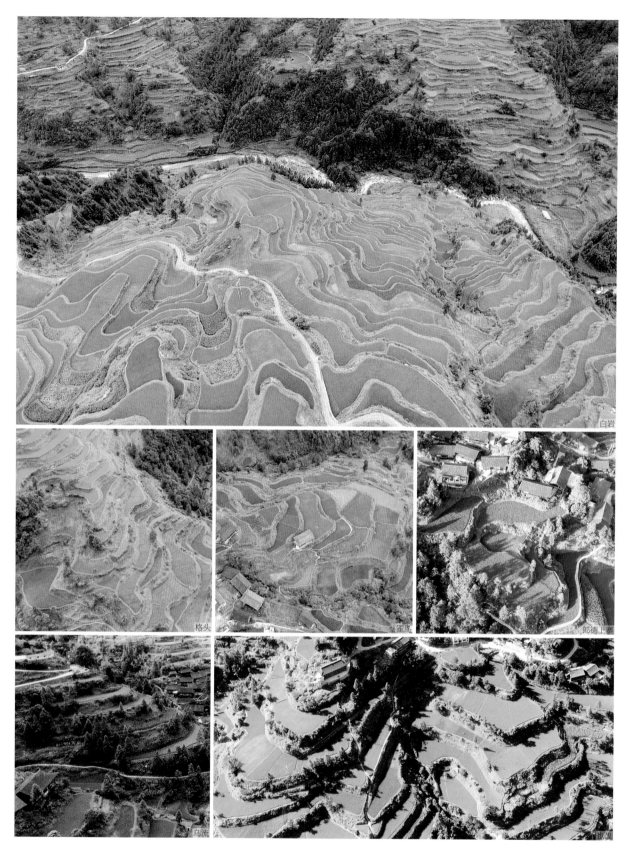

白岩

格头

霍寨

郎德上寨

乌流

田　雷公山区

加页

加页

觉扭

加车

加车

小排

加车

田 月亮山区

林　雷公山区

林　月亮山区

雷公山区调研村落索引

乌东　白岩　治姿

排卡　羊荣　陶尧九寨

村　雷公山区

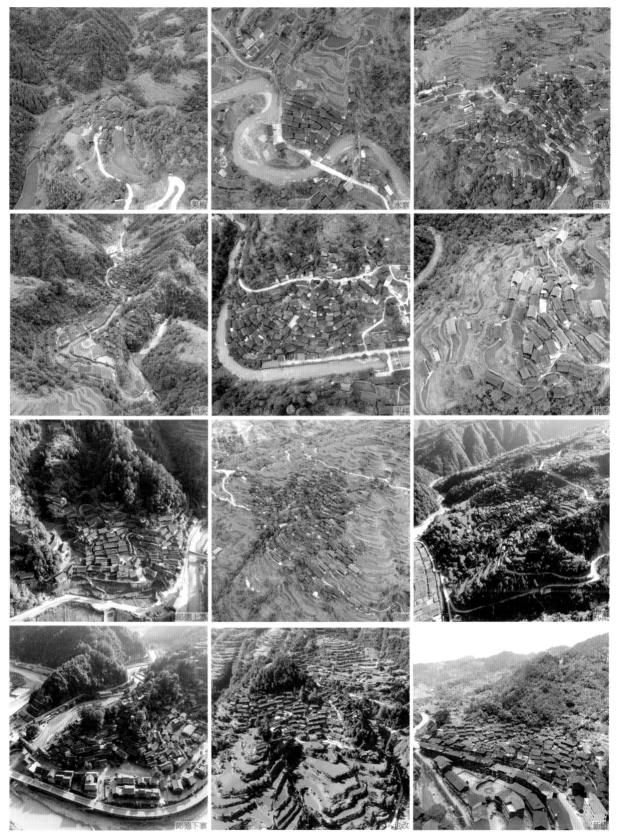

果梅

水寨

雀鸟

格头

平祥

桃香

郎德上寨

陇寨

乌流

郎德下寨

由政

新桥

村　雷公山区

117

村 雷公山区

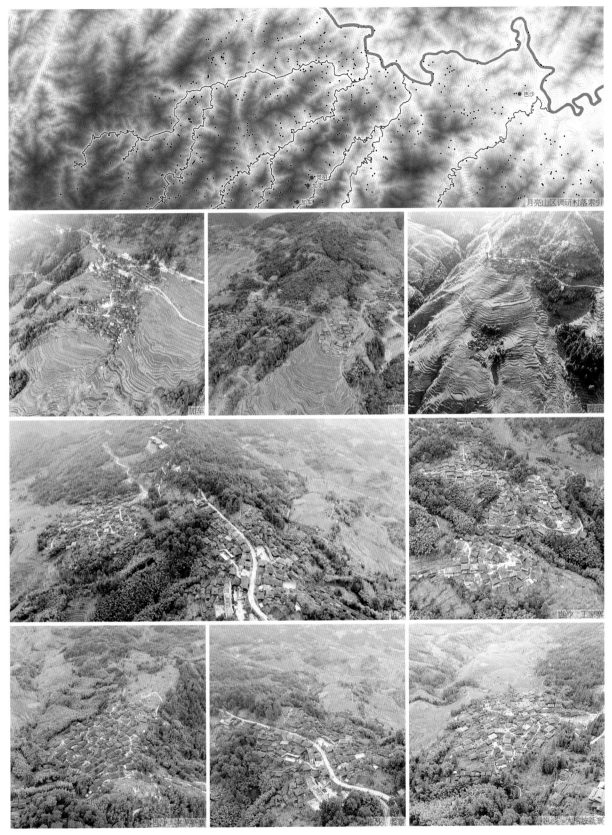

月亮山区调研村落索引

岜沙

芒扭
加宜

加车

加车　　　优页　　　党相

　　　　　　　　　　岜沙　王家寨

岜沙　苗村新寨　　　岜沙　苗寨　　　岜沙　大榕坡新寨

村　月亮山区

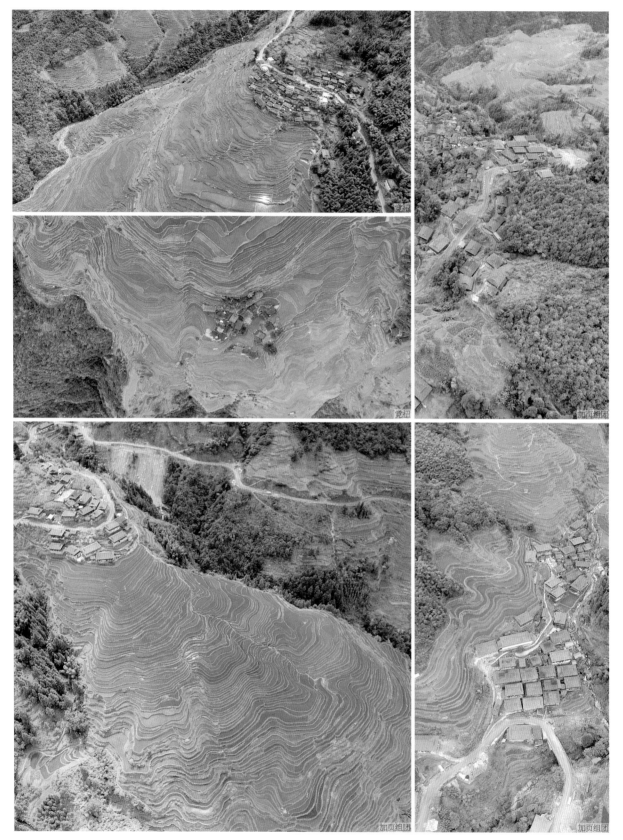

村　月亮山区

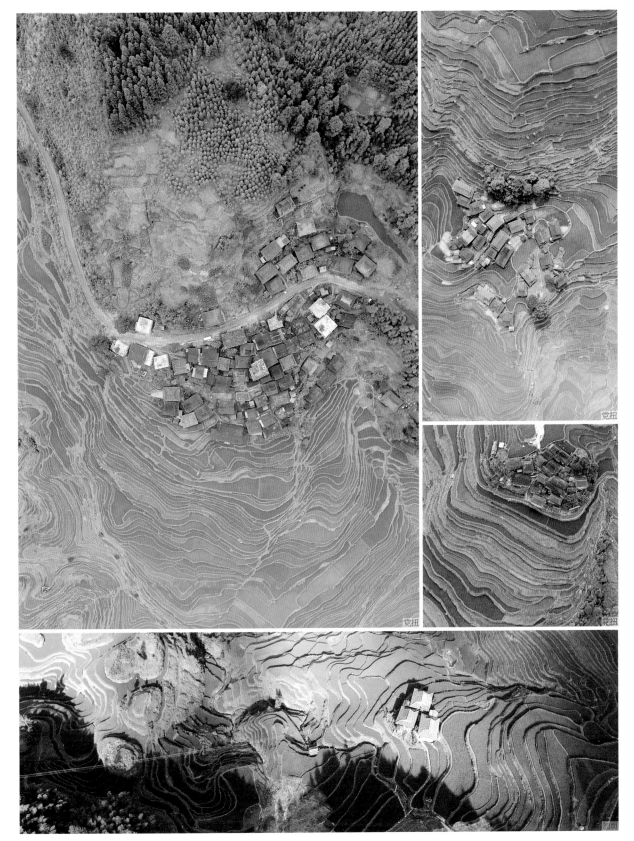

村 月亮山区

加页

村 月亮山区

郎德上寨

郎德下寨

也改

公共空间

格头

郎德上寨

粮仓

123

禾晾

居民　雷公山区

居民　雷公山区

下篇 / 专题研究

聚落选址与分布

1

本章作者：王念，原雅迪，陈峣，周政旭

摘要：苗族主要定居于西南山地地区，以丰富的原生态民族文化而闻名。本章以贵州省黔东南苗族侗族自治州为研究范围，刻画黔东南地区苗族聚落的空间分布特征，并以加车河谷和陶尧河谷为例，总结苗族村寨选址和分布的特征。研究发现雷公山区、月亮山区等山区是苗族聚落的主要聚集地区，大部分苗族聚落分布在海拔600~1000m的山麓地带，所处地势大部分为坡地。面对高山深谷等不利地形，苗族民众因地就势涵养山林、开辟田地、营建村寨，形成了适应于当地地形与生态气候的可持续人居模式。

1.1 引言

苗族主要分布于贵州、湖南、云南、重庆、广西等省区，其中以黔东南地区最为集中，保存的民族文化与聚落民居也最具特色[1-2]。黔东南苗族侗族自治州（下文简称"黔东南州"）位于贵州省东南部，地处云贵高原向湘桂丘陵盆地过渡地带（图1-1），总体地势是北、西、南三面高而东部低，大部分地区海拔500~1000m，以山地地貌为主，山高坡陡，切割较深。黔东南地区属亚热带湿润季风气候，受季风的影响，年降雨量十分充沛，气象灾害较为频繁，区域内水资源与植物资源十分丰富。黔东南地区的苗族聚落主要集中在雷公山一带。雷公山位于贵州高原中部，是长江水系与珠江水系的分水岭，主峰海拔2178.8m，地形崎岖复杂。此外，在雷公山南部的月亮山腹地一带也是苗族的重要聚居地之一。

本章的研究数据来源主要包括：（1）村镇点数据，依据20世纪80年代出版的黔东南州16县、市的地名志❶，从中识别提取出主要为苗族聚居的自然村，将其与现状地名比对后，在ArcGIS中人工标定聚落空间点位，共计5201个村寨点；（2）区域高程数据，来源自从公开获取2009年L波段ALOS PALSAR雷达数据（https://search.asf.alaska.edu）中提取的12.5m分辨率DEM数据；（3）河流、道路、中心乡镇数据，来源于2017年国家1:25万基础地理数据库（https://www.webmap.cn/）；（4）典型流域聚落的分布与形态数据，来源于实地测绘和航拍。

1.2 黔东南苗族聚落分布与选址特征

苗族历史上多次迁徙，最终主要定居于西南地区。关于迁徙时间和过程的说法众多，总体而言，苗族早期迁徙由北至南，由东到西，从平原地区河网纵横的平坝，最终到达西南高山峻岭之中[3-5]。面对自然环境条件的变化，苗族建立与

❶ 具体为《贵州省三穗县地名志》（1986版）、《贵州省丹寨县地名志》（1987版）、《贵州省从江县地名志》（1985版）、《贵州省凯里市地名志》（1989版）、《贵州省剑河县地名志》（1986版）、《贵州省台江县地名志》（1986版）、《贵州省天柱县地名志》（1987版）、《贵州省岑巩县地名志》（1987版）、《贵州省施秉县地名志》（1984版）、《贵州省榕江县地名志》（1987版）、《贵州省锦屏县地名志》（1987版）、《贵州省镇远县地名志》（1986版）、《贵州省雷山县地名志》（1984版）、《贵州省麻江县地名志》（1986版）、《贵州省黄平县地名志》（1987版）及《贵州省黎平县地名志》（1985版）。

自身相适应的生产生活方式，开垦山林，营建自己的聚居之地[6-9]。本章主要分析村寨的空间分布，讨论村寨与周边山体、河流、农田以及道路的关系，总结黔东南地区苗族聚落分布规律与选址空间特征。

1.2.1 空间分布特征

黔东南地区苗族聚落总体呈现出明显的空间集聚现象。其中以雷公山为中心的雷山、凯里、台江、剑河、丹寨等县市是黔东南州苗族聚落分布的核心聚集区；月亮山区的从江县西南部地区苗族聚落分布也较集中。此外，天柱县东部的湘黔两省交界地区也有众多苗族村寨分布。

1.2.2 聚落选址与地形的关系

地形因子是黔东南地区苗族聚落空间选址的重要考虑因素。在海拔高程方面，绝大部分苗族聚落分布在海拔600～1000m区间（图1-1）。海拔在850～950m之间的聚落约占总数的18.2%；海拔在750～850m之间的聚落约占总数的18.6%。海拔最高的苗族村寨位于雷公山深山区的山腰，海拔约1300m。

在坡度方面，苗族聚落多分布于山区，所处地区坡度主要集中于6°～20°区间（图1-2）。其中，约11%的苗族聚落位

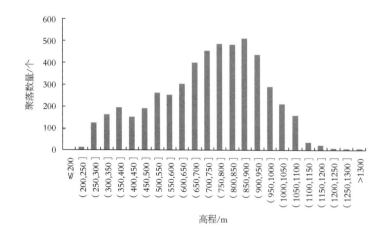

高程/m

图1-1 聚落分布与海拔关系

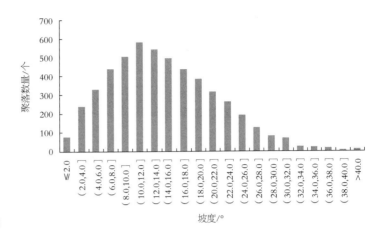

图1-2　聚落分布与坡度关系

于坡度10°～12°的区域，更有部分村寨，所处地点坡度超过了30°，地形十分陡峭。

1.2.3　聚落选址与河流的关系

苗族聚落主要分布于区域内两条主要河流——清水江和都柳江——流域的中山、高山地段。西部雷公山聚集区位于清水江流域与都柳江流域的分水岭。南部月亮山聚集区的苗族聚落，主要位于都柳江的多条支流附近。东部湘黔交界地带的苗族聚落则主要邻近清水江支流。

1.2.4　聚落选址与森林的关系

黔东南地区森林覆盖率高，森林为苗族地区提供了良好的生态基底，也直接为民众生产生活提供物质支持。当地村民通过控制性维护和改造林地，形成了为苗族聚落立地生存提供稳定发展空间的自然环境。区域内苗族聚落普遍与森林关系紧密。

1.3　典型聚居区域分析：雷公山区陶尧河谷

陶尧河谷是雷公山区苗族典型聚居地区，全长约10km，沿线有乌东、白岩、羊苟、排卡、陶尧（包括虎阳、干皎）

等聚落[6-8]。各聚落地形存在一定差异，建寨时间先后有别，聚落空间在具有共性特征的基础上也各有一定特点，较为全面地体现了苗族山地聚落选址的若干典型类型。

1.3.1 陶尧河谷整体情况

陶尧河是清水江水系巴拉河的支流，发源于雷公山主峰附近，于县城汇入巴拉河，全长约10km。从发源处的海拔2000m，到与巴拉河交汇口处的800m左右，落差超过1000m。陶尧河虽短，却具备多种地形，可初步将其分为上段高山溪谷、中段下陷深谷、下段冲积坝子三段。

上段为高山溪谷，从雷公山深处发源的三条小溪，分别沿山体间纵沟下行，至海拔1300m附近，地形稍平缓，形成指状交汇的三条高山溪谷。乌东村即位于此三条溪流交汇处。

中段为下陷深谷，乌东村三条溪水交汇处不远即一瀑布，由此往下，直至羊苟、排卡西侧山口处，海拔由1300m降至880m左右，两侧高山耸峙，河谷深陷，水流湍急，平地稀少。白岩村位于该段河谷的中部，位于山腰部位，海拔高于河流约150m。

下段为小片的冲积坝子，陶尧河从羊苟、排卡山口冲出后，周围山体突显开朗，河床变宽，水流趋缓，于是沿河冲积出一条长约1000m，宽约200～300m的河谷平坝，并最终汇入海拔约800m的巴拉河。沿陶尧河刚出山口处的田坝共形成了大小九个自然村寨，当地统称为陶尧九寨（图1-3、图1-4）。

1.3.2 高山溪谷段的典型苗族聚落——乌东

乌东位于陶尧河的最上游，是雷公山区海拔最高的苗族村寨之一（图1-5）。乌东地处三条小溪汇聚之处，沿着高山溪谷营建出三条指状的稻田带，海拔1300～1400m。三条小溪交汇于高山小谷地形成小水塘，大部分民居位于水塘北侧

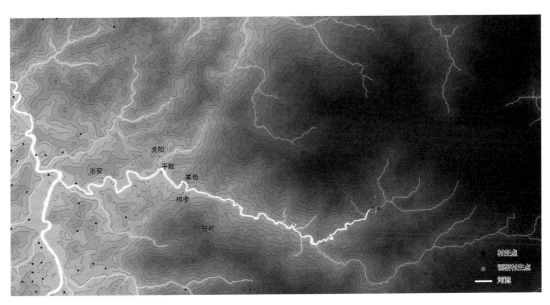

图1-3 雷公山区陶尧河谷聚落分布

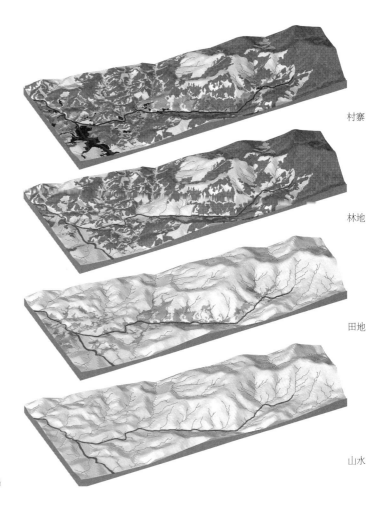

村寨

林地

田地

山水

图1-4 雷公山区陶尧河谷三维空间格局

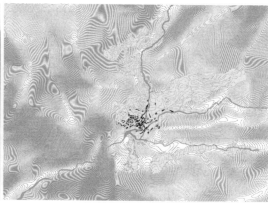

的山坡之上。聚落四周森林茂盛，生态良好。村民们通过顺
沿小溪的山冲田解决了耕地问题，并选择抗旱水稻进行耕作，
同样构建了生态稳定而良好的聚落空间系统。

图1-5　乌东村空间格局

1.3.3　中游深谷段的典型苗族聚落——白岩、羊苟和排卡

　　白岩村位于深谷段中部南侧山腰，坐南向北，是在深谷地带营建聚落的典型案例。村寨按海拔由高到低呈现出明确的空间垂直划分：由海拔1400m左右的山脊处直到民居之上，生长着郁郁葱葱的树林；民居集中在海拔约1000m处，且大体沿等高线水平扩展；梯田主要位于村寨下方，海拔由最高1100m左右，一直向下延伸至海拔约900m的谷底河流边。

　　羊苟和排卡位于深谷段西端，扼守陶尧河进入坝子的山口，地势险峻，易守难攻。两村以河为界，各自在陡峭的峡谷陡坡一侧营建层层梯田。随着人口不断增加，其梯田也不断沿着峡谷向上游拓展，梯田最远处离村寨有近5km远。

1.3.4　下游河谷坝子段的典型苗族聚落——陶尧九寨

　　陶尧原为雷公山区最古老的苗族聚落之一。据当地传说，其先民最初定居于陶尧河下游的阳王寨附近，在清朝初期沿

陶尧河上溯至今址继续营建家园，选择在坝子边缘和附近山上营建村寨。经数百年的不断经营，人口陆续繁衍、分化，至今形成了包含3个行政村、9个自然村寨在内的大型苗族聚落群（图1-6）。部分村寨继续经营平坝的水田，后续营建的几个村寨则在山上开垦梯田，以此作为主要生计，并依托周边的山林开展狩猎采集作为补充。

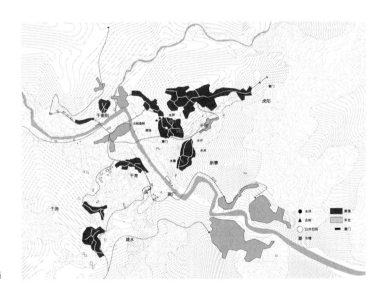

图1-6 陶尧九寨空间格局

1.4 典型聚居区域分析：月亮山区加车河谷

都柳江以南的月亮山区是从江县苗族聚居最集中的区域（图1-7）。受限于当地起伏陡峭的地势，当地聚居苗族聚落多分布海拔数百米至一千米的山脊或山腰上，并以历代开垦的梯田耕作为主要生计[9]。加车河是月亮山区一条自西南向东北流入都柳江的支流，两岸山高坡陡，苗族民众世代耕种形成规模宏大的梯田景观，其"稻—鱼—鸭复合系统"列入"全球重要农业文化遗产"（GIAHS）名录。

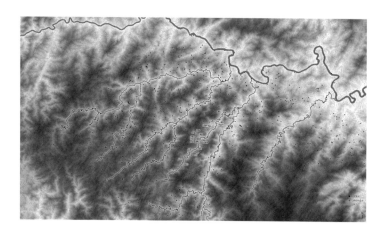

图1-7 月亮山区域苗族聚落分布图

1.4.1 加车河谷整体情况

加车河谷位于从江县月亮山腹地的加榜乡东北侧，距离从江县城约80km，是加榜梯田的主体部分。加车河起源于尧贵大山，最终流向都柳江。河谷全长约50km，沿河两岸分布着众多世居在此的苗族村寨（图1-8）。加车河谷地形起伏较大，其中乌税山为河谷段内最高峰，海拔约1500m，植被茂密，动植物资源丰富。河谷雨量充沛，降水多沿着两山地表汇流而下，众多支流汇聚，河水充沛，终年不息。

当地的苗族村寨沿着加车河分布于两岸的山腰上，与周边的山林和山间冲沟联系紧密，大多沿着山溪扩展出一个个

图1-8 加车河谷空间格局

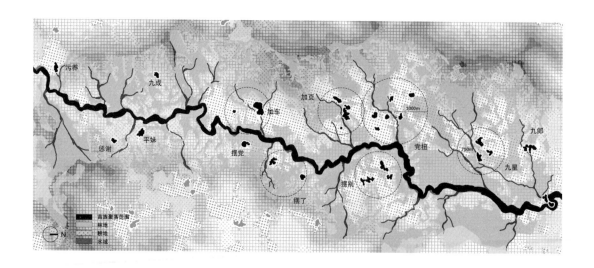

苗寨组群，苗族人民以山地稻耕农业为主要生计方式，村寨周围延伸出大片广袤的梯田，其中尤以加车、加页、党扭组团周边的梯田规模最为庞大。梯田边的吊脚楼群沿着地形层层耸立，寨在田中，田在寨中，形成了加车河谷独特的苗族稻作景观（图1-9）。

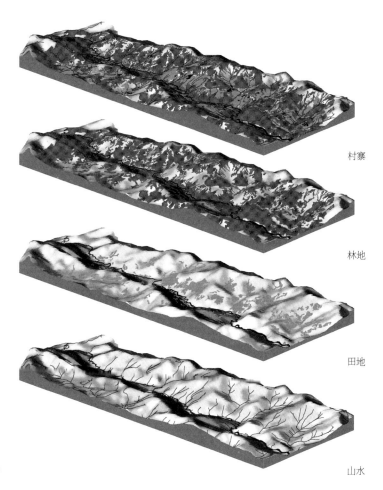

村寨

林地

田地

图1-9　加车河谷三维空间格局

山水

1.4.2　苗族聚落垂直地带性的空间分布格局

加车河谷在垂直分布上体现出明显的地带性，构成自上而下的"山林—村寨—梯田—河谷"空间分布格局。梯田一般从山脚开始，在适宜开垦的坡地拾级而上直到山腰或山肩，形成鳞次栉比、层层叠叠的腰带状梯田景观。聚落吊脚楼群沿着梯田层层耸立。海拔1000m是梯田与林地的分界带，

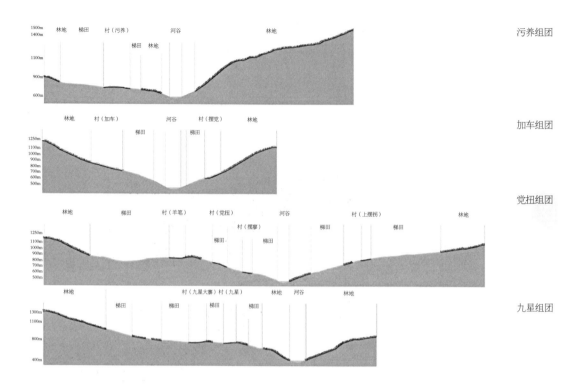

1000～1200m之间还留有少量的山冲田，但山高水冷，不利于　图1-10　加车河谷主要苗族聚落断面分析
稻谷的生长，产量较低；到1200m以上已经不适宜农作物的生
长，仅有林地分布（图1-10）。

1.4.3　典型苗族聚落——党扭、加页与加车

加车河谷的聚落主要位于山腰位置（图1-11）。党扭村分
散成上寨、下寨、两送、摆廖等多个组，沿着等高线间隔一
段距离均匀布置，吊脚楼民居建筑群多以松散的小组团形式
分布于山坡之上。加页村南边是大片的梯田，作为分寨的羊
告则位于山间沟谷之中，沿着汇水开辟出了大面积的山冲田。
加车村具有向心性较强的紧密布局，周边梯田规模最广，整
个聚落由七个组构成，主寨分为上下两寨，两侧的溪谷围合
形成天然的边界。上寨为一到四组，下寨为五到六组，七组
与主寨距离较远，位于梯田中央。

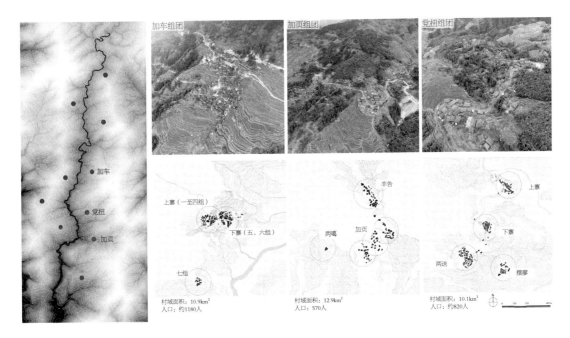

图1-11　加车河谷核心区聚落分布与典型聚落形态

1.5　结论与讨论

苗族分布呈现"小聚居、大杂居"的特点，除贵州外，在湖南、云南、广西、湖北、四川、海南等省区都有所分布。贵州黔东南地区是苗族的主要聚居地之一，也是保存苗族住居和农耕文化最为完整的地方之一。通过对黔东南地区的苗族聚落分布与选址进行分析，研究发现雷公山区、月亮山区以及湘黔交界处的武陵山区等是主要聚集地区。大部分苗族聚落分布在海拔600～1000m的山麓地带，所处地势多数为坡地，甚至不少苗族村寨选址位于陡坡地，体现出高超的聚落营建技巧，是山地聚落的典型代表。

在长期与周边环境共存的过程中，苗族聚落形成了适应于高山和陡峭地形的人居模式。在雷公山区和月亮山区的苗族民众，逐渐确立起以山地稻耕农业为核心的生计模式，并在聚落选址、营建、调适等多个环节，通过对山水地形的合理选择与适当改造、构建适应山地的农田水利设施、因地制宜营建民居与村落，注重蓄积山林等方式，形成了以"田"为核心，"山—水—林—田—村"为有机整体的山地聚居空间模式。

参考文献

[1] 国家民委《民族问题五种丛书》编辑委员会,《中国少数民族》编写组,《中国少数民族》修订编辑委员会. 中国少数民族[M]. 北京:民族出版社,2009.

[2] 国家民委《民族问题五种丛书》贵州省编辑组,《中国少数民族社会历史调查资料丛刊》修订编辑委员会编. 苗族社会历史调查(二)[M]. 北京:民族出版社,2009.

[3] 何积全. 苗族文化研究[M]. 贵阳:贵州人民出版社,1999.

[4] 石朝江. 苗族历史上的五次迁徙波[J]. 贵州民族研究,1995(1):120-128.

[5] 吴一文,吴一方. 黔东南苗族迁徙路线考[J]. 贵州民族研究,1998(4):77-82.

[6] 唐千武. 雷山苗族文化与旅游丛谈[M]. 北京:中央民族大学出版社,2010.

[7] 吴玉贵. 走进雷山苗族古村落[M]. 北京:中央民族大学出版社,2010.

[8] 周政旭. 基于文本与空间的贵州雷公山地区苗族山地聚落营建研究[J]. 贵州民族研究,2016,37(5):120-127.

[9] 吴寿昌,黄婧. 贵州黔东南稻作梯田的历史文化及生态价值[J]. 贵州农业科学,2011,39(5):81-84.

地方知识与可持续人居

2

本章作者：王念，方茗，周政旭

摘要：在持续性的营建中，苗族民众逐渐形成了丰富的地方知识，以此管理和调节各项物质和非物质要素，形成与自然相适应的聚落人居。为充分了解黔东南地区苗族形成的地方知识系统对山地区域聚落人居的影响，进一步传承和促进生态可持续性和文化多样性，本章探讨地方知识如何通过管理各类自然资源影响地域空间格局，继而形成适应性的人居环境。本章以贵州从江县月亮山区加车河谷的加榜梯田核心地区为研究案例，通过深度访谈、问卷调查和参与式空间绘图等方式开展数据收集与分析研究。结果表明：（1）当地民众逐渐形成山地聚居模式和稻作生计模式，影响并建立了包括山体、林地、耕地和水域等资源管理知识在内的地方知识体系；（2）各要素通过自然资源管理与地方知识系统的联动，塑造了具备多样性的大地景观和聚落人居空间。在此基础上，本章探讨了地方知识通过自然资源管理对景观的影响机制，并提出了支撑水稻梯田景观可持续发展的理想路径。

2.1 引言

偏远山地社区由于地形地势的阻隔，往往发展较为滞后，但同时也保存了许多原生态的族群与文化。偏远山区的居民在营建其自身栖息地的过程中形成了很多地方知识，由于地形陡峭、居住地有限、自然资源获取困难以及易受自然灾害影响等原因，这些地方知识必须尤为重视对环境的适应与适度改造，并形成了一套管理自然资源的可持续方法，最终营建成为赖以生存的家园。在地球环境急剧变化、资源稀缺的困境下，随着研究对生态系统机制和过程认识的不断加深，人类也正在不断反思自己的行为和发展模式[1, 2]，许多学者发现传统知识与可持续性的基本假设有着密切的联系，可以成为现代人研究可持续性的重要引导来源，可持续的发展模式逐渐成为应对这些未来危机的有效举措，并倡导将传统的地方知识纳入区域保护的恢复规划中[3-5]。

传统的地方知识代表着数千年来人类在自然环境中生活获得的经验，并在不同的地域和民族影响下形成独特的生产生活方式[6]。来自不同民族和不同地区的人们制定了适合其地区和文化的独特生产方法和生活方式。几个世纪以来，地方知识系统从根本上支持了世界各地当地社区的生存，实现可持续发展目标。尽管地方文化和社区在全球化和旅游业发展中面临着前所未有的挑战，但值得注意的是，在某些情况下，地方知识可以通过发展现代农业和转型来提供解决这些利益相关者冲突的方法，从而继续在地方社区中发挥作用。将地方知识和现代科学知识相结合可能是解决我们面临的社会和生态问题的最可靠方法之一。

对地方人民本身来说，地方知识最重要的职能之一是向他们提供指导，管理其社区的自然资源，以便更好地生存。有证据表明，地方知识可以促进当地的自然资源管理，特别是在偏远的山区社区，那里陡峭的地形、有限的栖息地、稀缺的自然资源和更频繁的自然灾害都增加了生存的压力。这种来自于偏远山区社区的地方知识与可持续发展密切相关，尤为重视对环境的适应与适度改造，并形成了一套管理自然资源的可持续方法[7, 8]。这些知识来源于传统的农业实践，并在较为封闭的同一地理空间上代代相传[7, 9, 10]。即使面临现代化影响以及旅游开发的挑战，深入了解地方知识的空间机制，也可以积极促进地方文化和景观的维护。本章将通过对加榜梯田这一典型的山地生态系统以及聚落空间的研究，彰显地方知识对于当前的可持续发展仍能起到积极作用。

　　位于贵州省的加榜梯田（以加车河谷为核心）是一个值得研究的案例。加榜梯田是规模最大的梯田分布区之一，较为完整地保留了传统的农业文化系统，也是最具代表性的山地少数民族村寨集中地之一。当地气候属中亚热带温暖类型，年均气温16.3℃，年均降雨量约1100mm，林木茂密，植被资源丰富。当地平均海拔800m左右，地形陡峭，河谷段内最高的山峰海拔约1500m。当地的苗族村寨沿着加车河分布于两岸的山腰上，其中尤以加车、加页、党扭周边的梯田规模最为庞大。由于深处群山之中，较为独立的自然环境使其完整地保持了农耕传统。居住于该地的民众利用地方知识创造了稻—鱼—鸭生态农业系统，并营建起世代居住的家园（图2-1）。

图2-1　加榜地区典型苗族村寨人居

2.2 研究方法

本章研究采取深度访谈、问卷调查和参与式空间绘图等多种方法。通过将访谈、调查与地理空间绘图相结合，以达到三个目标：第一，总结苗族人民的地方知识，特别侧重于他们如何建造家园和管理自然资源；第二，确定重要自然和农业空间的实际模式；第三，通过生活模式的变化等代际变化，探索对当地地方知识体系的认知影响和贡献。

访谈是一项经过验证的收集相关人群基础个人信息和生计情况的有效方法。对话式的访谈也有助于从受访者获得有意义的现实数据和深层次的经验知识[11]。因此笔者实地访谈的重点在于考察当地苗族人在当前应对外部挑战过程中，生计模式的变化情况、自然资源管理方式以及相关地方知识在此过程中发挥的作用。

研究团队在加榜梯田进行过三次实地调研，2016年4月进行村庄初访，2017年7月在当地进行村庄测绘、土地利用调查以及主要利益相关人深度访谈。2019年1月在加页、党扭、加车三个村庄中进行了现场访谈与问卷调研。研究试通过结构化的问卷以了解该区域村民基础生计情况和自然资源管理方面地方知识的认知程度。在当地志愿者的协助下，保证受访者在年龄、性别等方面分布的均衡性，共发放问卷122份，收回有效问卷115份。

为了扩展传统调研方法之外的社区整合研究方法，研究团队将参与式绘图与深度访谈相结合，并通过总结相关资料，在地理信息系统（GIS）的基础上确定重要的生态空间范围和实践模式。结合地理信息系统的参与式绘图已经是近年乡村社区获取地方知识的重要调研工具之一[12, 13]。参与者根据自己的经验绘制出对于他们重要的位置，活动空间的资源可以让研究人员了解到哪些类型的自然资源和地理空间与社区日常运作和福祉的息息相关[14-16]。通过向受访者提供印刷的土地覆盖基础地图，以便受访者根据实际知识识别与标注重要的认知场所和边界。在采访中要求参与者描绘日常重要的耕作范围，以及重大节日的活动游行路径等，最终整理成景观标注地图。

2.3 地方知识对自然资源的管理

本章主要研究了四种特殊的自然资源类型及其相关地方知识：山体、林地、耕地和水域。对于每个资源区，笔者研究了如何利用地方知识来保护和保存资源，当地村民对资源景观模式和位置的认知，以及相关地方知识的传递方式。

月亮山区地形陡峭，相较于平原地区，山地苗族聚落面临着耕地稀少、自然灾害频发、水资源短缺等问题，在这种生存压力和民族文化的熏染之下，加榜梯田的苗族聚落在营建过程中更为注重与自然的适应和共荣共生，在自然资源管理的过程中形成了独特的地方知识系统（表2-1），并分为以下两大部分。

当地的主要自然资源管理和地方知识系统　　　　　表2-1

生态空间类型	自然资源管理	地方知识
山体	山体保护	山体灾害修复
		土壤轮休和保肥
林地	森林经营	薪木林营建
		水源涵养林维护
耕地	稻—鱼—鸭农业管理系统	传统作物种植
		稻—鱼—鸭管理
		糯米收集加工
水域	水资源引导管理	深水稻田营建
		水渠修建与维护

2.3.1 山体与林地经营类地方知识系统

由于当地山的主体为土山，坡度比高，地层较为松散。加车河谷的苗族居民在进行山体改造时就最大限度地保留原来地形地貌，以避免山体滑坡等灾害发生。营建梯田时多选址在岩层松散、土层较厚的陡坡上，利用开垦耕地将坡田改为梯田，并加密梯层，垒石填土，培草固岩，通过台层式的地形改造来进一步加固山体（图2-2）。及时淘尽消水洞、山塘中的淤塞泥沙，挖修分水沟，合理排水，以减轻水土流失。冬季时人们会往空闲的田地里灌满水，保持土壤墒情，防止田坎开裂。在梯田旁还留有一圈荒草地，减缓地表径流的速度，作为预防山体灾害的缓冲带。

当地居民有着基于山林崇拜的多自然神信仰。为了保护当地珍贵的树种，如枫香等，人们往往将其神化，以期其长远繁茂以庇佑村寨，并在大树旁设置木凳或石凳以供村民乘凉或过往行人休息。这种庇佑村寨的树一般称之为"风水树"或"保寨树"，在苗语中称之为"倒补昂"（图2-3）。

对于自然万物的敬畏之心让苗族人民充分重视对生态环境的保护，制定了许多关于山林保护的村规民约并沿袭至今。议榔制度明确提到了对森林资源的保护，并通过"警标""封林碑"等形式体现。如当地的村规民约规定了如下规则：当

图2-2 山体保护性改造示意图

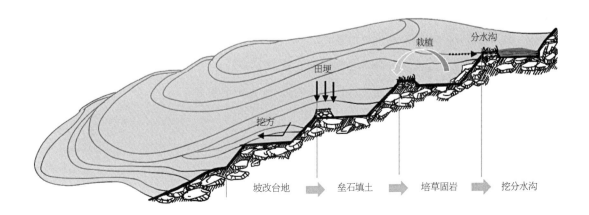

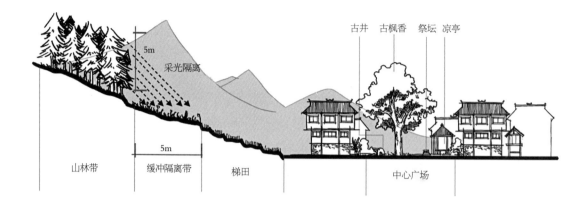

古井　古枫香　祭坛　凉亭

5m
采光隔离

5m

山林带　　缓冲隔离带　　梯田　　　　　　中心广场

图2-3　林地经营示意图

田土和林地接界时，田土边缘延伸一定单位的距离归田土所有人管理。这是当地苗族劳动人民长期生产实践的智慧结晶。为了避免高大的树木影响农作物的采光，林田之间会有一条明显的作为缓冲隔离带的荒地。

2.3.2　农业与水资源管理类的地方知识系统

加榜梯田的稻—鱼—鸭农业管理系统以水稻、杂草、鱼和田鸭构成了一个复杂的食物链网络结构，在充分了解鱼鸭习性的前提下，根据农田的地形、道路及沟渠划分不同的养殖区，在稻米生长的不同时间段中放养鸭子和鱼苗，这种利用时间差在同一空间上进行鱼鸭管理，体现出高度的农业生物多样性以及高效的能量与水肥利用。以三个优势物种为核心构成的三个相对独立的食物链网络，可以保持更高的稳定性以抵抗外界环境剧烈变化时所造成的冲击。稻—鱼—鸭农业管理系统以生物防治的形式很好地控制了虫害的发生，并可以减少化肥和农药的使用，减少土壤污染，提高土壤通气和氧化还原的条件，提高土壤肥力，以实现农业生产的可持续发展。

由于加车河谷地区林地覆盖茂密，日照时长较少，且山区海拔高的地方气温较低，一般的水稻种子难以在这种低温阴冷的环境中生长，当地民族通过长年的耕作、选育，挑选出一批生态适应性强、抗性高、产量高、口感独特的糯禾品种，并对糯稻的栽种、收割、晾晒、仓储及脱粒有一套独特的运作方式。糯稻的生长周期长，有利于稻田养鱼养鸭。糯禾多为高杆，不易脱粒，苗民只能用摘禾刀一根根摘穗。收割后将穗头朝外一根根叠放在一起，并按一定的分量捆扎起来，挂在村寨边缘的禾晾架上。这种独特的收割方式可以节约晾晒稻谷所需的空间，也形成了村寨秋季独特的丰收景观。稻谷收割后将根部留于田野，冬天加水浸泡田块，稻根经过沤肥和发酵可形成有机肥。加车河谷的梯田具有明显的分层，聚落周围是菜地，聚落下方到河谷是水稻田，聚落上方则是糯禾田。

当地的梯田一般为深水稻田，可作为鱼鸭的栖息空间。田埂一般高0.5～0.8m，厚0.3～0.5m，用石头垒筑、间隙糊上泥土使结构更为坚固，减少田埂塌陷的风险。田间的供水和排水系统通过竹筒构成的驱动与邻近溪流连接在一起。层层叠叠的深水稻田可有效减少山体滑坡和泥石流的危害，同时作为蓄洪水库，保持土地平时的灌溉用水（图2-4）。

图2-4　稻—鱼—鸭管理与深水稻田营建分析图

（图片来源：笔者参考联合国粮食及农业组织（FAO）-GIAHS官方文件绘制https://www.fao.org/giahs/giahsaroundtheworld/designated-sites/asia-and-the-pacific/dongs-rice-fish-duck-system/annexes/zh/）

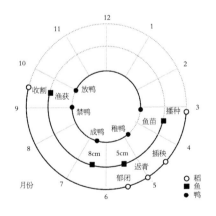

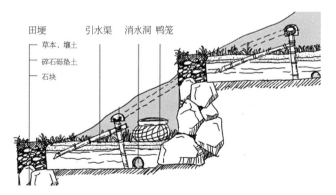

2.3.3 对空间的认知和调控

通过深入访谈明确了地方知识对自然资源管理的影响后，参与式地图的结果进一步揭示了在地方知识系统影响下自然资源管理的空间分布类型，以及各要素之间的空间联系，最终得出村民对村庄景观的整体空间感知。笔者结合空间认知图和地理信息系统地图，最终绘制了加车河谷的自然资源管理分析图（图2-5），展示了整个景观及其聚落的分布和空间形态，特别是森林、农田、山体和水系。

由于地形的阻隔，加榜梯田以河谷两侧的分水岭为界，形成了较为封闭的地理单元，在河谷的空间范围内可以构成整体的山、水、林、田、村的景观空间格局。梯田一般从山脚开始，在适宜开垦的坡地拾级而上直到山腰或山肩，形成鳞次栉比、层层叠叠的腰带状稻作景观。森林主要分布在河道两岸、山腰之上以及深谷之间，作为水源涵养林和稳固水土的自然基底存在。村落主要分布在梯田周边，也与林地紧密联系，形成了随着海拔变化自上而下的"山林—村寨—梯田—河谷"空间分布格局（图2-6）。

图2-5　当地村民对村落重要空间及边界的认知地图

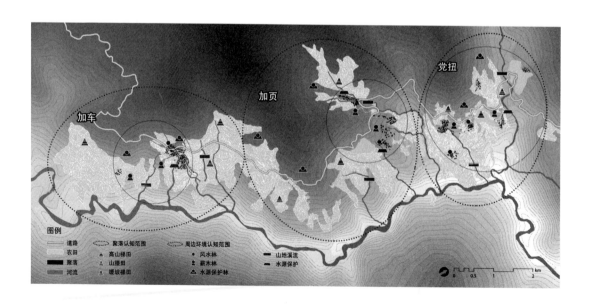

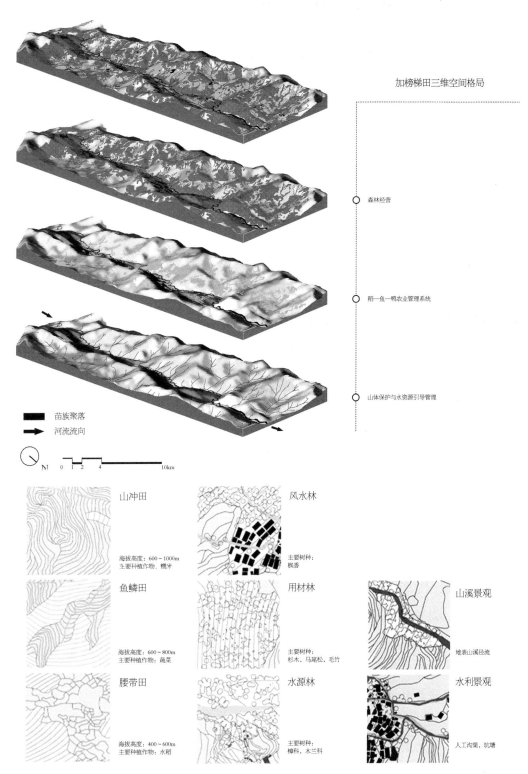

加榜梯田三维空间格局

森林经营

稻—鱼—鸭农业管理系统

山体保护与水资源引导管理

■ 苗族聚落
→ 河流流向

N   0 1 2   4   10km

山冲田

海拔高度: 600~1000m
主要种植作物: 糯米

风水林

主要树种:
枫香

鱼鳞田

海拔高度: 600~800m
主要种植作物: 蔬菜

用材林

主要树种:
杉木, 马尾松, 毛竹

腰带田

海拔高度: 400~600m
主要种植作物: 水稻

水源林

主要树种:
樟科, 木兰科

山溪景观

地表山溪径流

水利景观

人工沟渠, 坑塘

图2-6 自然资源管理下的加榜梯田空间格局

2.4　文化活动对空间的塑造

在加榜梯田聚落空间营建和民众生计的发展中，传统文化发挥了基础性的作用。这种一开始由地缘、血缘限定形成的传统文化深深烙印在当地人的记忆、记述及认知之中。长久以来的生计模式和自然环境息息相关，这种文化以山林崇拜和稻田保护的形式在空间营建中起到了引导和规范性的作用。

即使随着旅游产业引入后对当地生计模式的冲击转型以及公共基础设施和新型旅游业态的加入，加榜梯田整体的文化景观仍然在文化的影响下维持着传统的苗族建筑群和生态农业文化风貌。随着现代社会生产生活方式的改革，传统稻耕生计已经不足以支撑当地居民生产生活的发展，但山地苗族积淀千年形成传统稻耕文化的旅游价值正逐渐引起各界的关注。传统文化的管理政策成为当前加榜梯田地区实现生计转型的最优解之一。目前当地村民多外出打工与外地求学，加榜梯田的文化活动可能仅在重大节日举办。但在旅游开发的影响之下，进一步挖掘当地的文化内涵成为吸引外界游客观光和增强村民认同感的重要方式。当地各级组织已经开始有意识地集中收集和整理当地历史文化典故和传说，同时增加财政预算和人力支持新米节等重大节日的庆典活动举办，增加周边山林的生态补助，并考虑成立相关的梯田管理会。

以当地最为重要的节庆仪式活动新米节为例。新米节，又称吃新节，是加车河谷地区苗族人民最为盛大的节日，一般在每年的农历八月十五左右举行，在每年村庄粮食第一次收成的时候，由村中寨老列会商议，挑选合适的日期。新米节全村上下要举办隆重的祭祀活动，一来感谢先民们的丰功伟业，二来庆祝即将到来的丰收。整个河谷的村寨都会参与到新米节的活动中来，且寨与寨之间往往互相做客，互动参与（图2-7）。

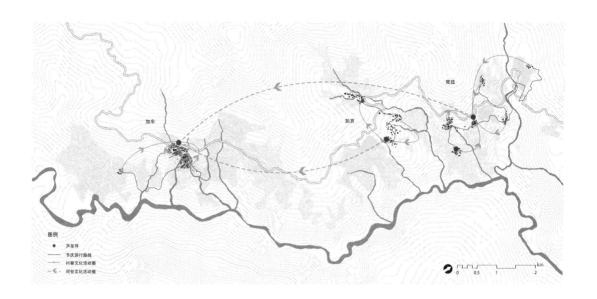

图2-7　加车河谷新米节文化路径的景观
标注地图（图片来源：由笔者与当地村民
共同绘制）

在加车村，新米节当天的第一项活动是祭坛祭祖，活动
先在下寨的芦笙坪举行，由苗族青年们吹着芦笙、抬着祭祀
物品围着祭坛不停转圈、跳舞。在祭祀活动结束后，村民们
列队抬着祭祀物品沿着村路绕寨而行，去位于加车村最高处
的芦笙祭祖坪。将祭祀的物品摆放在芦笙祭祖坪中央，芦笙
手们围着祭品不断地跳着芦笙舞、吹着芦笙曲。最后再吹着
芦笙在梯田中穿行，感受苗族先民营建家园时经历的磨难和
艰辛（图2-8）。

图2-8　举办新米节的节日盛况（图片来
源：当地村民提供）

随着外界对于加榜梯田农业文化价值与景观风貌价值的认

可，村民们对于加榜梯田的稻作文化的态度也在转变，逐步建立起了文化自信。当地青年大多已经都走出山区接受外界的基础教育，如加车村的一个大学生在访谈中所说："现在民宿酒店和特色纪念品都是外地人经营的……等过几年旅游产业更成熟我们就可以参与，因为我们土生土长，也了解家乡的传统文化。"与老一辈相比，当地的年轻苗族往往具有更深远的视野和更积极的发展愿望，他们认为自己家乡的传统文化是值得保护并宣扬的，有的已经找到了与当地传统文化共荣的结合点。如回乡参与旅游民宿的建设与经营，在网络社交平台上通过分享穿着民族服装和节庆活动的照片，甚至将中文的流行歌曲翻译成苗语在视频上宣传。但是加榜梯田的传统生计转型才刚刚开始，需要注重调节保护和发展中的矛盾，避免旅游发展对村庄的传统风貌和地区的稻耕文化景观产生不可逆的破坏。

2.5　可持续人居空间

地方知识被证明有助于稻田农艺系统的有效和长期可持续管理。特别是在山地保护、林地管理、农业管理和水资源管理四个领域。地方知识对村民生活和自然资源管理实践的影响，与自然资源管理相关的地方知识直接反映在空间要素和景观的建设中（图2-9）。这一过程持续发展，并不断调整与适应，由此当地苗族民众在严苛条件下创造了宏大的梯田景观，也形成了植根于山地河谷，涵盖山林涵养、水系梳理与梯田垦殖、村寨民居营建，同时与民族地方文化互生互融的人居空间（图2-10）。

在此过程中，加榜梯田地区的地方知识通过自然资源管理的调节，对苗族聚落的人居环境的形成施加影响。加榜梯田整体人居空间呈现出以生计为导向、以生态能力为基础的集约化立体山地农业建设和维护目标，以及由山、水、林、田、村等多种要素构成的整体空间格局（图2-11）。

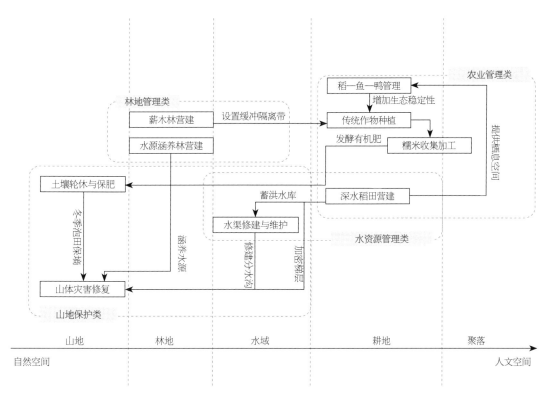

图2-9 地方知识系统与自然资源管理结构图

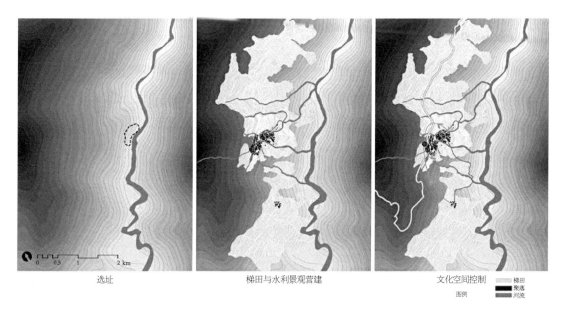

图2-10 加榜梯田聚落营建模式

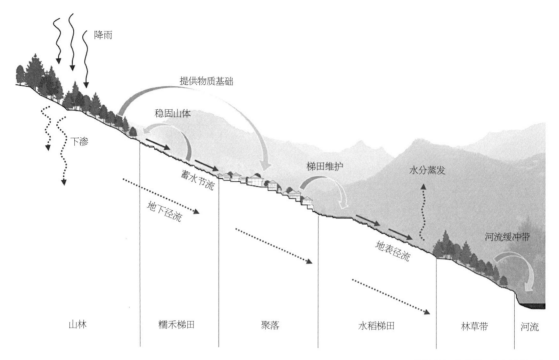

图2-11 加榜梯田空间格局示意

2.6 结论与讨论

加榜梯田山地社区的苗族人民在长久的生产生活实践中，形成了植根于山地的对自然资源管理的地方知识体系，并由此形成了与稻作生产生活相适应的聚落空间，在空间管理和知识体系共同作用下形成了山地稻耕文化。这一文化强调生物多样性和系统性的空间管理，具备高度的可持续性，体现了独特的山地特征和民族特征，数百年来一直对当地社区发展发挥着基础性、核心性的作用。

地方知识的传承是文化的重要组成部分，其中，在特定空间中开展的文化活动作用重大。加榜梯田山地社区的确受到工业化、城镇化、全球化的影响，面临着人口减少、自然资源管理乏力等问题。但近年来，随着特色景观与地方知识系统的再发现，在传统自然资源管理体系以及所形成的可持续山地社区空间的基础上，旅游等生计模式的引入正在使该区域发生良性的发展转型。加榜梯田的案例无疑揭示了文化传承在其中发挥的重要的作用。

尽管加榜梯田社区仍在转型发展进程中，面临众多的挑战，但如下政策议题，笔者认为可为全球层面的众多山地社区提供借鉴。第一，选择合适的社区发展转型方向，注重转型发展中的文化传承，传承地方知识系统与自然资源管理模式，尤其注重保持山地社区的可持续性。第二，重视年轻一代中对于当地地方知识的传承教育，在此基础上引入新知识与新视野，以期年轻一代成为山地社区发展的后备力量。第三，注意平衡保护与发展之间的矛盾，尊重并保护当地传统的农业文化景观风貌，避免过度的商业旅游开发对当地自然生态空间的破坏和对传统文化的冲击。

加榜梯田地区的苗族聚落在千百年来与环境相协调的过程中凝练了可以持续发展的当地智慧，可以作为未来人类住区可持续发展的借鉴。本章最终目的还在于提醒生活于人地关系紧张、生态脆弱的山地居民，更需要重视传统生态智慧的传承，而非淹没于全球化、城市化的浪潮之中。

参考文献

[1]　DRAGUN A K, TISDELL C A. Sustainable agriculture and environment—Globalisation and the impact of trade liberalisation[M]. Cheltenham: Edward Elgar Publishing, 1999.

[2]　PRETTY J N. Regenerating agriculture: policies and practice for sustainability and self-reliance[M]. Washington DC: Joseph Henry Press, 1995.

[3]　ALTIERI M A. Agroecology: The science of natural resource management for poor farmers in marginal environments[J]. Agriculture, ecosystems & environment, 2002, 93 (1-3): 1-24.

[4]　NABHAN G P. Inter-specific relationships affecting endangered species recognised by O'odham and Comcaac cultures: the Ethno-ecology of infraction diversity[J]. Ecological application, 2000, 10 (5): 1288-1295.

[5]　MAURO F, HARDISON P D. Traditional knowledge of indigenous and local communities: International debate and policy initiatives[J]. Ecological application, 2000, 10 (5): 1263-1269.

[6]　ARMSTRONG M, KIMMERER R W, VERGUN J. Education and research opportunities for traditional ecological knowledge[J]. Frontiers in ecology and the environment, 2007, 5 (4): W12-W14.

[7]　JIAO Y M, LI X Z, LIANG L H. Indigenous ecological knowledge and natural resource management in the cultural landscape of China's Hani Terraces[J]. Ecological research, 2012, 27 (2): 247-263.

[8]　GU H Y, JIAO Y M, LIANG L H. Strengthening the socio-ecological resilience of forest-dependent communities: The case of the Hani Rice Terraces in Yunnan, China[J]. Forest policy and economics. 2012 (22): 53-59.

[9]　CAMACHO L D, COMBALICER M S, YOUN Y C, et al. Traditional forest conservation knowledge/technologies in the Cordillera, Northern Philippines[J]. Forest policy and economics, 2012, 22: 3-8.

[10]　NEYRA-CABATAC N M, PULHIN J M, CABANILLA D B. Indigenous agroforestry in a changing context: The case of the Erumanen ne Menuvu in Southern Philippines[J]. Forest policy and economics, 2012, 22: 18-27.

[11]　GUPTA R, BHARDWAJ P, SHUKLA J P, et al. The requirement of intra village pathways for roadway technology adoption: A rural survey in Nador village, Madhya Pradesh, India[J]. Technology in society, 2016, 47: 101-110.

[12]　DUNN C E. Participatory GIS — A people's GIS?[J]. Progress in human geography, 2007, 31 (5): 616-637.

[13]　TALEN E. Bottom-up GIS — A new tool for individual and group expression in participatory planning[J]. Journal of the American Planning Association, 2000, 66 (3): 279-294.

[14]　TOWNLEY G, KLOOS B, WRIGHT P A. Understanding the experience of place: Expanding methods to conceptualize and measure community integration of persons with serious mental illness[J]. Health & place, 2009, 15 (2): 520-531.

[15]　O'LAUGHLIN E M, BRUBAKER B S. Use of landmarks in cognitive mapping: gender differences in self report versus performance[J]. Personality and individual differences, 1998, 24 (5): 595-601.

[16]　V CHAN D HELFRICH C A, HURSH N C, et al. Measuring community integration using Geographic Information Systems (GIS) and participatory mapping for people who were once homeless[J]. Health & place, 2014, 27: 92-101.

（本章部分内容经改写和翻译刊载于《Habitat International》Volume 111, May 2021, 102360）

仪式与公共空间 3

本章作者：周政旭，孙甜，钱云

摘要：位于黔东南山地地区的苗族聚落因其特殊的地貌形态和文化渊源，形成了各类与平原聚落不同的、极具特色的公共空间。本章通过文献研究与实地走访调查，总结黔东南苗族聚落中的公共空间类型与特色，并探究其由内在的文化联系而形成的序列结构。黔东南苗族聚落的公共空间可分为生产空间、交通空间和仪式空间三类，其中仪式空间最具特色。黔东南苗族聚落的公共空间布局灵活自由，形态因地制宜；各类公共空间为鼓藏节、招龙节等重要仪式活动提供场所，作为历史的象征连通古今；模拟历史演变的仪式活动串联起各类公共空间，形成连通村落内外、村落之间的公共空间序列，对民族文化的传承和构建起到积极作用。

3.1 引言

苗族先民由于战争等原因，经历了长期且多次的迁徙，最终进入云贵高原等山地地区定居[1]。他们在继承传统的同时不断适应新的生存环境，形成了现在特色的苗族聚居模式与民族文化。其中，黔东南地区的苗族聚落特色尤为鲜明，形成了不同于其他地区的特色场所和空间。公共空间作为聚落空间重要的构成要素，充分展现了苗族山地聚落的鲜明特点。同时，苗族文化中有着独特的民俗仪式活动，这些仪式活动与聚落公共空间也有着紧密的关系。

既有研究中关于民族聚落公共空间通常有两类研究视角。一类是从社会学与人类学角度对公共空间的演化趋势与特征进行研究，从而揭示乡村社会结构的变化，如从功能与形式的视角探究我国乡村公共空间的演变特征[2]，以苏北窑村为例探究公共空间演化与社会秩序重构的关系[3]。另一类则是从规划学与风景园林学角度总结聚落公共空间的类型、特征与组织方式，例如将桂北侗寨的公共空间分为节点空间、延线空间和阔面空间三类，并归纳为集中、分散和串联三种群体组合方式[4]，运用空间句法从物理、形态、文化三个维度分析桂北传统聚落公共空间的类别、结构与秩序[5]。针对黔东南苗族聚落公共空间，有学者对各类公共空间的特色形态及用途进行了个案分析[6-8]。笔者通过文献研究与实地走访调查，在实地调研、测绘数十处黔东南苗族聚落的基础上，选取位于雷山县的郎德上寨、乌流村、新桥村与从江县的岜沙村等典型苗族传统聚落为重点研究案例，总结黔东南苗族聚落中公共空间的类型与特色，并探究其由内在的文化联系而形成的序列结构，以期为黔东南苗族传统聚落的保护与传承提供参考。

苗族是一个崇拜祖宗神灵和山水神灵的民族[9]。苗族民众拥有敬祖崇宗、不忘根本的原生态文化。历经多次迁徙，充满坎坷和磨难的民族记忆使苗族民众始终将祖先铭记于心[10]。同时，苗族民众认为万物有灵。对于祖先和自然的崇拜催生了祭鼓、招龙等仪式活动，并演化成为苗族文化中最盛大的节日。

黔东南地区地形陡峭，生境较为复杂，但苗族民众在艰苦的条件中不断适应地形和环境，形成了独具特色的山地聚落形态。聚落布局顺应山水格局，整体背山面水，正面开阔。聚落的空间形态顺应地形变化，建筑布局自由灵活，边界较为自然。公共空间主要由建筑围合形成，也有位于自然环境之中的特殊场所，各类公共空间的分布也较为自由。

苗族先民多次迁徙之后最终到条件较为艰苦的黔东南山区定居，适应自然并不断繁衍壮大。坎坷的发展历程与艰苦的生存环境使得苗族民众形成了不同于平原地区居民的文化意识与生存方式，也使得黔东南苗族聚落的公共空间形态与平原地区聚落的公共空间形态呈现出较大的差异性。

3.2　公共空间的类型与特点

黔东南苗族聚落中的公共空间类型丰富、极具山地特色。但由于受到山地地形的限制，往往占地较小且形状不规则。这些公共空间的使用功能与人们的日常使用需求息息相关，按功能可大致分为生产空间、交通空间和交往仪式空间三个主要类型。

3.2.1　生产空间

生产空间是与村民的日常生产生活联系最紧密的空间，包括粮仓群、禾晾群、水塘、水井等。村民在生产空间中存储粮食，获得生存必备的水源。此类空间的分布位置与形态往往受地形地势影响，呈现出一定的分布规律。

（1）粮仓群/禾晾群

粮仓和禾晾是苗族聚落中集中储藏粮食、晾晒粮食的地方。出于防盗的考虑，部分村落将粮仓、禾晾成群布置，方便看管。出于防火的考虑，粮仓群、禾晾群常常设置在水塘边、水上或远离建筑的空地上[6]（图3-1）。就与村落的位置关系来看，粮仓群或布局于村落内部，或顺应地形布局于村落边缘；禾晾群则多沿某条道路两侧展开，呈线状布局于村落边缘。

典型的代表有新桥村的水上粮仓群。新桥村地处一山洼处，高山沿东、北、西三面围合，河流在村落南部自东向西流经，村落内部临近南侧为低洼之处，经有意营建，汇聚溪水形成了一处水塘，村落内粮仓基本全部架空置于该处水塘之上（图3-2），形成了一处密集的粮仓空间。粮仓群的南侧有一个单独的入口，周边的民居建筑则围绕着粮仓群向山上沿等高线层叠展开。

（2）水塘

水塘是苗族聚落水系统中的重要一环，在山地地形中起到迟滞流水、积蓄水源的重要作用，可用于防火与灌溉，还可以作为牲畜的饮用水源、洗涤的地方。部分村落水塘还兼具节日祭祀的功能。鼓藏节期间，村民牵出家中的牛在水塘中走一圈，完成拉牛旋塘仪式[9]。一个村落可能存在多个水塘，水塘的位置设置比较自由，由地形与村落需求而定，在村落的高处、内部以及下方均有分布。

图3-1　新桥村水上粮仓群

图3-2　新桥村粮仓群平面

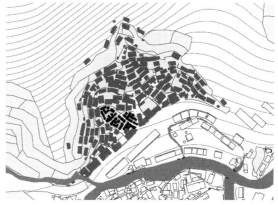

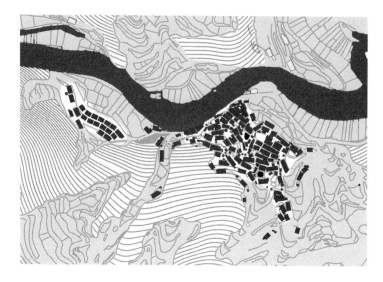

图3-3　郎德上寨水塘所处位置

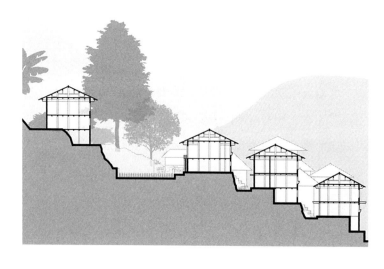

图3-4　郎德上寨水塘与周边环境、建筑
的关系

　　如郎德上寨中，主要的水塘有两处，分别位于村落的中
部和上部（图3-3、图3-4）。两处水塘都在村落的主要道路
旁，中部的水塘还与郎德上寨的新芦笙坪相邻。两处水塘均
使用石头加固边界。中部的水塘由于邻近芦笙坪，形状较为
规整；上部的水塘形态则较为自由。

　　（3）水井

　　水井是村民日常饮用水的主要来源，是苗族古村落安居
立寨的重要条件之一。不同于北方从地下取水的水井，苗族
聚落中的水井更多的是集蓄山泉水，因此水井的位置多在山

谷汇水处，如乌流村。部分村落的水井周边留有开敞空地，兼用作日常交流的空间；另有村落的水井紧沿道路分布，并未留有停留空间。

3.2.2 交通空间

交通空间主要包括巷道、寨门和桥等，建构起村内与村外以及村内各类空间之间的相互关系。除通行、界定的功能外，某些交通空间还具有一定的象征意义。

（1）巷道

巷道起交通连通的作用，作为骨架联系起村落中的各类空间，在节日祭祀活动中也是各祭祀空间之间的重要通道。苗族聚落中的道路多围绕房前屋后自然形成，顺应山势，灵活布局。受地形影响，巷道尺度较小：主路稍宽，约2m甚至更宽；次路多约1m宽，能够容纳一头牛通过；更加细碎的小路宽不足半米，仅容一人通过。巷道整体呈不规则网状（图3-5、图3-6）或叶脉状（图3-7、图3-8），形态十分自由，主要由地形以及民居分布确定，走势与等高线有密切关系。

（2）寨门

寨门是村落的入口，界定着村落内与外的空间。在过去，

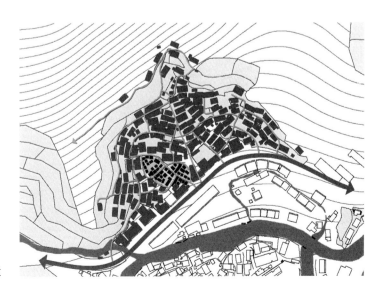

图3-5 新桥村网状巷道

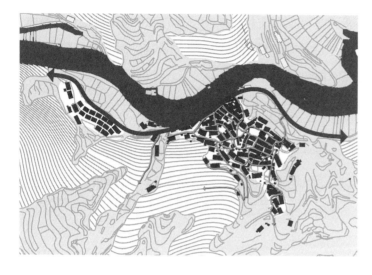

图3-6 郎德上寨网状巷道

图3-7 格头村叶脉状巷道

图3-8 郎德下寨叶脉状巷道

村民种植荆棘灌木当作寨门以防强盗[7]。如今的寨门更多的是一种象征性意义，标志着聚落的边界、防灾避邪。同时，寨门也常常作为村民们迎送宾客的社交场所。寨门的形式多种多样，以木制门楼形式的构筑物为主，也有村落以两栋建筑的间隙为寨门，还有以入口广场或大树为标志的寨门形式。寨门位于村落主要道路的出入口上，较为明确的寨门多位于村寨正面地势最低处。在村寨通往后部山上的道路起点，往往也设置寨门。此外，部分村寨还设有"秧门"等极具象征意味的出入口，通常位于村寨通往山间田地的道路某处。每年插秧之始，需由村中"活路头"率先在"秧门"之处完成祭祀之后，各家方能开始春耕。

（3）桥

桥是苗族聚落道路系统的组成部分。村落在能力允许的范围内，遇水逢沟架桥。各类桥不仅起到连通村内道路系统的作用，而且在一定程度上起到村民活动交流场所的作用。苗族聚落中的桥除了通行功能外还具有其他功能或意义，如具有更多象征意义的"保爷桥"等，桥在承担交通功能之外，也用来祈求平安，并由桥的拥有者或祭祀者进行维护。同保爷桥类似的还有祈求得子的求子桥和祈求健康长寿的祈寿桥。这类桥的形式十分简单，甚至可以用木板架在室外的溪沟上，也可以象征性地架在家里[11]。

3.2.3 交往仪式空间

交往仪式空间是在祭祀与节庆活动中承担重要任务的空间，与苗族特征性的仪式活动具有紧密的关系。这些场所在日常作为交流活动的地点，但在节日活动中起到重要作用，具有一定的象征意义。仪式空间是苗族聚落中最具特色的公共空间，主要包括芦笙坪（场）、藏鼓岩、护寨树、游方场等。

（1）芦笙坪（场）

芦笙坪（场）在某些村落中也被称为铜鼓坪（场）、木鼓坪（场），是苗族聚落的精神中心[7]。芦笙坪在平时作为村民日常交流集会的空间，但在节日和祭祀活动中就有了极为神圣的意义，成为连接祖先与后代的场所[12]。芦笙坪一般是村中一块平整的空地，多由建筑与构筑物围合，边界往往是不规则的多边形，地面用卵石铺成不同花纹的同心圆。有的村落会在圆心处竖起一根杉木或铜柱，用来挂鼓。因为芦笙坪在苗族民众心中有着重要的精神意义，所以芦笙坪的位置也处在相对核心的地方：有的位于村落的地理中心，有的位于村落正面靠近入口处。

郎德上寨有新旧两处铜鼓坪，旧铜鼓坪位于村落上方的杨大陆故居坎下，新铜鼓坪位于村落中心（图3-9）。旧铜鼓坪是村落原来的中心，但用地比较狭窄，无法满足逐渐增多的人口和游客的活动需求。新铜鼓坪更加平坦开敞，是现在进行民俗表演的地方，是村民和游客最主要的活动场地。新铜鼓坪的边界不规则，由建筑紧密围合而成（图3-10、图3-11）。场地中央有鹅卵石拼成的同心圆图案，外围拼缀白马。圆心处立铜制立杆象征鼓藏树，在节庆期间用来挂铜鼓。

（2）藏鼓岩

藏鼓岩是保存木鼓的地方，很多时候位于村落外部一个隐秘的山洞内。苗族村民相信，木鼓里面住着祖先的灵魂，存放木鼓的地点同样是一个神圣的地方。乌流村的藏鼓岩位

图3-9　郎德上寨铜鼓坪位置

图3-10　郎德上寨新铜鼓坪测绘平面

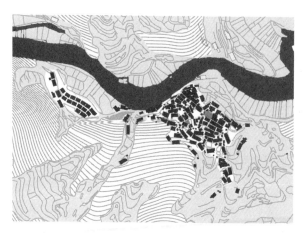

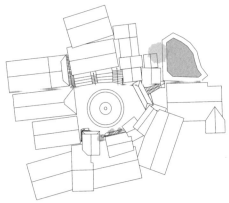

图3-11 郎德上寨新铜鼓坪展开立面

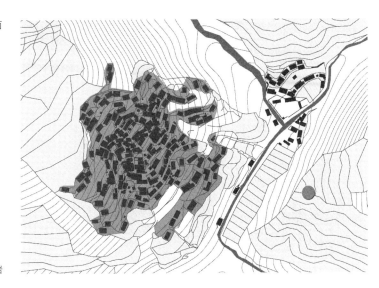

图3-12 乌流村藏鼓岩

于村落的正东方（图3-12），在村寨对岸半山腰。洞口面向西北，与乌流村在同等的高度上。这个位置远离村寨并且隔着一条河，东方则代表着祖先迁徙而来的方向[9]。

（3）护寨树、寨神林

树崇拜是苗族民众的重要信仰之一。苗族民众每迁到一个新的地方都要种下一棵枫树，枫树成活才可以定居[7]，这棵树也就成了苗族聚落的护寨树，保佑平安[6]。成片栽植的枫树即寨神林，也叫风水林。逢年过节的时候苗族村民要在护寨树与寨神林周边的空间举行祭祀活动。多数村落的护寨树与寨神林处在村落相对重要的位置上，如村落中心芦笙坪旁或村落中地势高的地方。

郎德下寨的寨神林位于芦笙坪西南侧的山坡上，是村落中地势最高的地方，更加凸显了神圣感（图3-13、图3-14）。

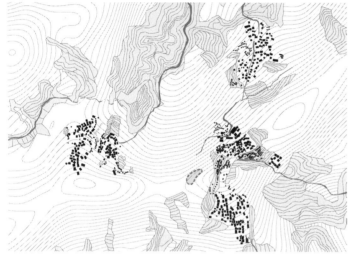

林中较为高大的乔木全部为枫香树，有的树上还挂有祭祀用的纸扎。

（4）游方场

"游方"是苗族青年男女社交娱乐的一种形式，或增进友谊，或表达爱情。游方场即进行游方活动的场所。芦笙坪可作为游方场，也有村落利用村落周围的河边或草坡作为游方场。岜沙村的游方场就是村中的守垴坪，位于老寨与宰戈新寨中间的树林里，远离居住建筑（图3-15）。林中多种植枫香树，粗壮的树枝上还挂有秋千（图3-16）。

（5）寨神与祖母石

部分苗族聚落中还存在小型的祭祀空间，如党扭村的寨神和岜沙村的祖母石等。村民祭祀寨神和祖母石以祈求平安。

图3-13 郎德下寨寨神林位置

图3-14 郎德下寨寨神林

图3-15 岜沙村守垴坪位置

图3-16 守垴坪上的秋千

这一类祭祀空间面积约3～4m²，位置比较灵活，常出现在芦笙坪旁、道路交叉口旁以及建筑组团边缘的平整空地上。

3.3 仪式活动与公共空间序列

苗族的文化中存在鼓藏节、招龙节等极具特色的节庆活动，其中的各项仪式都有相对特定的举办场所。黔东南苗族聚落中的公共空间顺应地形、布局灵活，空间上形成一定的序列结构，与仪式活动的进程密切相关，具有重要的文化象征意义。

3.3.1 以鼓藏节、招龙节为代表的苗族特色仪式活动

苗族文化中的节庆活动十分丰富，其中相当一部分是苗族特有的节日。在这些节庆活动中人们祭祀自然、祭祀祖先、庆祝丰收、娱乐交往。而所有节庆活动中最具代表性和仪式感的为鼓藏节和招龙节[13]。

鼓藏节是苗族最隆重、最神圣的节庆活动，蕴藏深厚的文化内涵。其核心主题是祭祀祖先。苗族民众相信先祖蝴蝶妈妈是从枫树中生出来的，于是将枫木掏空中心做成鼓，让祖先的灵魂住在鼓中，祭祖仪式演化成了祭鼓仪式[13]。鼓藏节以鼓社为单位进行，一个鼓社中可能存在多个姓氏的宗族；节日期间各家各户也会邀请同宗族的亲戚共同庆祝。因此鼓藏节也成为维系苗族社会组织的重要纽带，强化了族群认同。

鼓藏节按传统历法每13年过一次，每次过3年。经过多年的演化，不同的村落过鼓藏节的方式有所不同，同一村落的不同届鼓藏节也会略有不同，但基本按照第一年醒鼓——第二年立鼓——第三年送鼓的流程进行。最隆重一年的仪式活动基本包括宴请宾客、杀牛（或猪）、起鼓、跳芦笙、送鼓等，有的村落还会进行拉牛旋塘、游方等活动。

招龙节是苗族另一极具特色的节庆活动，核心主题是祭祀自然。招龙习俗源于苗族"万物有灵"的观念。苗族民众认为龙是主宰大地山川之神[14]，希望得到龙神的庇佑，祈求风调雨顺、人丁兴旺[15]。招龙节以宗族或自然寨为单位举行，同样也要宴请亲朋好友共同庆祝。

经过长期的演变，不同地域过招龙节的时间与方式不尽相同。有的村寨每年过一次；有的与鼓藏节相同，每13年过一次；有的村寨无固定过节时间，视村寨每年的状况而定，如有的村子在遭受旱灾等重大灾害之时，往往会号召全村村民开展招龙活动。活动的主要的仪式程序包括上山祭祀龙神、引龙进寨、跳铜鼓、引鼓串寨等，有的村落还会祭祀水龙和鼓社树。

3.3.2 鼓藏节与公共空间序列——以乌流村为例

鼓藏节期间最重要的仪式空间为藏鼓岩和木鼓坪，节日串联起"藏鼓岩——木鼓坪"的公共空间序列（图3-17）。在早期，被认为住着祖先灵魂的鼓收藏在寨子外一处隐秘的藏鼓岩中，由鼓藏头带领十名左右的助手，在藏鼓岩举行祭拜仪式后将鼓请回村寨中。抬着鼓从藏鼓岩回到村寨的路需要整齐地按照规定走，走错了一步都需要重新再走一遍，否则就是对祖先灵魂的不敬[13]。抬鼓的队伍从藏鼓岩跨过河流到达村内的木鼓坪，鼓藏头带领举行接鼓入场仪式。随后村民们穿上节日盛装绕场跳芦笙木鼓舞。跳芦笙木鼓舞的时间有时长达一周，除了本村寨的村民，亲朋好友以及附近村寨的村民都可以来参加。鼓藏节的最后一天，未婚的男女青年也在木鼓坪上进行游方活动。

现如今乌流大寨的木鼓已经不再存放在藏鼓岩中，而是存放在村内鼓藏头家。由于也改村、排夫村的加入，乌流村的南部新建了一处木鼓坪以支撑更大规模的仪式活动，但旧木鼓坪依然是仪式中的重要一环。最近一届的鼓藏节

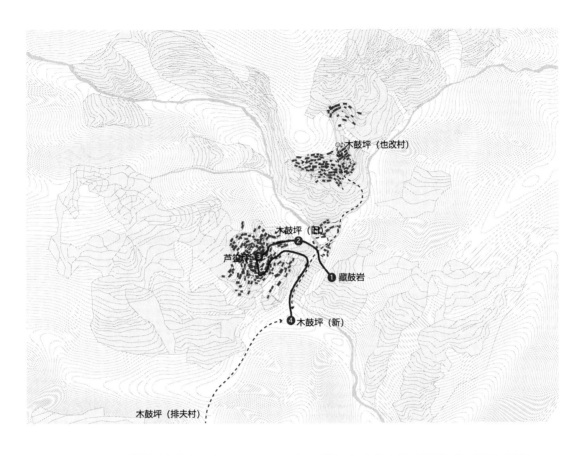

图3-17 乌流村鼓藏节空间序列

（2007—2009年）串联起的公共空间序列为"木鼓坪（旧）——木鼓坪（新）"，木鼓需要先抬到旧木鼓坪上，村民绕场跳几圈之后，才会继续抬到新木鼓坪上[9]。附近的也改村和排夫村也会将各村的木鼓抬到乌流村的新木鼓坪上共同跳鼓。

　　由藏鼓岩、木鼓坪以及中间的路径形成的空间序列，在村落民众文化以及信仰生活中起到了举足轻重的作用。苗族是一个迁徙至此地的民族，他们普遍认为人过世之后魂魄会返回故乡，因此藏鼓岩空间往往象征着祖先魂魄的驻留之地，也是对迁徙起始的故乡的寄托。而从藏鼓岩至木鼓坪的路径，遇岭则翻越，遇河则搭桥，则是在空间上回溯了苗族祖先逾千山万水而迁徙至此的历史过程。抵达村寨核心木鼓坪之后，接受来自本村寨及其他村寨的亲戚后代的朝拜，举寨欢庆，则彰显了对祖先迁徙到达此地最终定居历史过程的庆祝和感恩。整个鼓藏节仪式各环节发生的空间均有其特殊的象征意

义。所组成的仪式空间序列更是对村寨迁徙定居艰苦历史的
一次抽象还原。借由此空间序列以及蕴藏的文化象征，每次
仪式的举行即回溯了一次艰苦的民族迁徙史与聚落营建史，
并且在所有村民的全情投入中，村寨的精神得以周期性的凝
聚。这也是空间作用于人并发挥重要作用的一种典型实践。

3.3.3 招龙节与公共空间序列——以郎德上寨为例

郎德上寨的招龙节与鼓藏节在同一时间庆祝，招龙节串
联起"招龙坪——护寨林——祭祖台——铜鼓坪——街巷"
这一公共空间序列（图3-18）。巫师带领招龙队伍首先来到
村寨后方的山峰峰顶举行祭祀龙神的仪式，同时派四支小队
前往东西南北四个方向的山峰峰顶举行同样的仪式。招龙队
伍在招龙坪围绕铜鼓跳两三圈铜鼓舞后返回村内，回程的路
上用一只鼻孔穿了麻绳的公鸭作为带龙的先导，一路沿山梁
行走不能抄近路。回程的路上经过村寨后的护寨林和祭祖台，

图3-18　郎德上寨招龙节空间序列

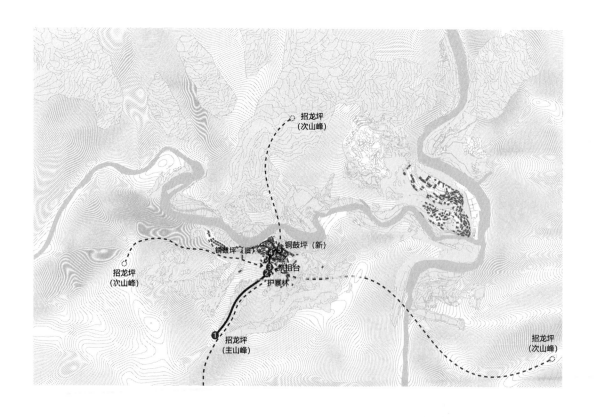

到达村寨中央的铜鼓坪。铜鼓坪的中央有一根木杆,是用来挂铜鼓的"鼓藏树"。巫师将铜鼓挂在鼓藏树上,并将招龙取得的泥土倒在鼓藏树下,开始祭祀仪式。第二天巫师带领引龙助手,抬着铜鼓沿街巷到达各家各户祭祀。走完全寨后回到铜鼓坪开始跳铜鼓舞,铜鼓舞同样会持续多日。郎德上寨有新旧两个铜鼓坪,在最后到达新铜鼓坪举行祭祀仪式前,必须先在旧铜鼓坪上跳几圈铜鼓舞[9]。

这一公共空间序列更显复杂,空间文化象征意义十分突出。由四面各个方向高山之上取得的泥土象征四方神灵,经过山岭河流抵达村寨中央的铜鼓坪,并接受所有村民的祭祀朝拜,祈求平安顺利。村寨生活世界的外与内、四周的神灵与村内的人民,通过仪式化了的空间序列建构起连接,继而影响村民对于村寨空间的认知,固化成为民族文化的重要组成部分。

3.4　结论与讨论

经过研究梳理,笔者发现黔东南地区苗族聚落的公共空间具有一定的特点,不仅体现在空间布局形态上,而且体现在其与民族文化的紧密联系与相互作用之上。

第一,黔东南苗族聚落公共空间布局自由灵活、形态因地制宜。受山地地形条件的影响,黔东南苗族聚落的空间形态较为自由,公共空间的布局灵活多变。各类公共空间根据功能上的需求各自选择地形合适的地点,不限制在聚落内的特定位置,甚至可以出现在聚落外。各公共空间布局相对分散独立,从整体形态上看,相互之间并没有明确的轴线或连接关系。单个空间的形态也因地制宜,由建筑物、构筑物或山水植物等自由围合,往往拥有不规则或不确定的边界。但仪式空间由于具有象征意义,往往拥有相似的特征。如芦笙坪中央多存在卵石铺成的圆形图案等。

第二，黔东南苗族聚落具有象征意义的公共空间连通了今时与过去。苗族聚落的公共空间在日常生活的作用较普通开放空间无异，但在节日期间立刻拥有了极为神圣的象征意义，将今时的苗族民众与过去的祖先紧密联系在一起。乌流大寨的鼓藏节期间，藏鼓岩象征苗族先民安息的地方，藏鼓岩相对于村落的方位象征祖先迁徙而来的方向，木鼓坪成为聚集着祖先灵魂的神圣场所。郎德上寨的招龙节期间，招龙坪是巫师召唤山龙、水龙的祭台，回程顺着山梁行走象征祖先艰辛的迁徙历史，铜鼓坪聚集着祖先的灵魂，铜鼓坪中央的"鼓藏树"象征生生不息、兴旺发达[13]。苗族村民对民族的历史有敬畏之心，新旧公共空间之间也具有传承的关系，展现了村落发展的历程。

第三，重要公共空间形成的空间序列，承载了反映历史演变的仪式活动，继而对民族文化的传承和构建起到积极作用。仪式活动沟通了村落的内与外。鼓藏节要从村外的藏鼓岩中请鼓，招龙节要从周边的山峰请山龙、从水系岔口请水龙。平时村民的活动集中在村落内和村落边的田地，而在节日期间村落周边的山和水也都与村落形成了紧密的联系。从而形成了从周边自然山水到村内人工空间的公共空间系统。这一系统往往还具有象征意味，反映了先民的迁徙定居历史过程，也参与到村民空间感的构建之中，具有重要意义。

此外，仪式活动还建立了村落间的联系。鼓藏节是以"鼓社"为单位举行的，一个鼓社常常包含相邻的多个村落。节日期间也改村会来到乌流村的木鼓坪共同进行仪式活动。鼓藏仪式串联起本村落的公共空间，也将同一鼓社其他村落的公共空间联系起来，共同构成片区级别的公共空间系统。

参考文献

[1]　伍新福. 苗族史[M]. 成都：四川民族出版社，1992.

[2]　王东，王勇，李广斌. 功能与形式视角下的乡村公共空间演变及其特征研究[J]. 国际城市规划，2013，28（2）：57-63.

[3]　曹海林. 乡村社会变迁中的村落公共空间——以苏北窑村为例考察村庄秩序重构的一项经验研究[J]. 中国农村观察，2005（6）：61-73.

[4]　吴斯真，郑志. 桂北侗族传统聚落公共空间分析[J]. 华中建筑，2008，26（8）：229-234.

[5]　王静文，韦伟，毛义立. 桂北传统聚落公共空间之探讨——结合句法分析的公共空间解释[J]. 现代城市研究，2017（11）：10-17.

[6]　谢荣幸，包蓉，谭力. 黔东南苗族传统聚落景观空间构成模式研究[J]. 贵州民族研究，2017，38（1）：89-93.

[7]　余瑞，但文红. 传统村落空间格局研究——以黔东南苗族为例[J]. 凯里学院学报，2016，34（1）：67-70.

[8]　鲍帆，谢飞，龙亮. 上郎德苗寨聚落景观分析[J]. 华中建筑，2010，28（7）：162-164.

[9]　李玉文. 雷山苗族鼓藏节[M]. 北京：中国文化出版社，2010.

[10]　刘枫. 贵州苗族鼓藏节的文化环境与传承困境[J]. 民族艺林，2015（3）：56-59.

[11]　吴正光. 郎德寨的桥文化[J]. 古建园林技术，2002（4）：45-46.

[12]　周真刚. 贵州苗族山地民居的建筑布局与文化空间——以控拜"银匠村"为例[J]. 黑龙江民族丛刊，2013（2）：133-139.

[13]　伍新福. 苗族文化史[M]. 成都：四川民族出版社，2000.

[14]　吴如蒋. 招龙节与苗族社会关系的整合研究[D]. 成都：西南民族大学，2015.

[15]　欧阳治国. 苗族招龙习俗的文化解读[J]. 长江大学学报（社会科学版），2012，35（1）：4-5.

（本章部分内容已刊载于《贵州民族研究》2020年第1期）

梯田景观

本章作者：许佳琪，周政旭

摘要：梯田是人类在山地条件下适应自然地形并创造性开展人居实践的结果，具有独特的景观价值和文化价值。贵州省从江县加榜梯田蕴含了当地苗族民众数百年来形成的生态智慧，对其研究尚处于起步阶段。笔者通过调查研究发现：（1）苗族先民定居该地区之后，通过一系列的适应、改造与维护过程，营建形成了规模巨大的高山梯田系统，营建过程中传承了丰富的传统生态知识。（2）梯田并非独立存在，"山林—村寨—梯田—河谷"四要素共同作用构成农业生态系统，蕴含着一系列生态智慧。（3）加榜梯田的类型、分布及形态具有明显地域特征，与水利工程紧密结合形成了"山—水—林—（梯）田—村"的山地空间格局，具有应对社会环境变化的强适应性特征，具有生产、生态等多重功能。加榜梯田景观具备美学、生态、文化和遗产多重价值，在当前的地方发展中需高度重视。

梯田，"梯山为田也"[1]，是人类在山地人居实践中创造的一种行之有效的土地利用方式，业已形成了众多特色的农业文化景观[2-4]。从全球视野来看，梯田景观主要分布在北非、欧洲南部、中美洲、东亚、南亚以及东南亚等地。较为出名的有菲律宾科迪勒拉梯田、秘鲁古印加梯田、日本轮岛稻田、越南老街撒巴梯田以及我国的云南元阳哈尼梯田、广西龙胜龙脊梯田、湖南紫鹊界梯田等[5-7]。其中菲律宾科迪勒拉梯田与云南元阳哈尼梯田分别于1995年和2003年被列为世界文化遗产，受到学界广泛关注，成果主要集中在梯田景观、遗产保护、生态学、人类学、民族学以及民俗学等视角[8-11]。

我国梯田分布较广，依据作物栽培、工程做法及砌筑材料的不同也有诸多分类。贵州是典型的山地省份，梯田是山地居民获取必需生存基础的重要方式，因此其营建梯田的历史十分久远，明清之际即有多处记载，如"黔山田多，平田少。山田依高下，层梯开垦如梯，故曰梯田"[12]，"坡陀层递者，谓之梯子田。斜长诘曲者，谓之腰带田"[13]等。在数百年的历史中，黔东南地区加榜一带的苗族先民适应当地山地地形与自然条件，加以适度改造，形成了规模宏大的梯田景观，并且围绕梯田形成了一整套高山稻作生计模式。加榜梯田富于原生态，是苗族梯田的典型代表，具有很高的美学、学术以及文化价值（图4-1），但针对其研究还十分欠缺，现

图4-1　加榜梯田

有少量研究成果仅从耕种文化、结构布局方面进行分析[14-16]。本章从加榜梯田景观成因及特征、营建过程与特征等方面进行探讨，希望系统梳理其农业景观的形成过程，揭示其价值。

4.1 引言

加榜梯田位于黔东南州的榕江、从江以及黔南布依族苗族自治州的荔波、三都四县交界处的月亮山腹地。月亮山属于苗岭九万大山山系，山势险峻，体量较大。主峰海拔约1500m，相对高差约1100m，由于受到地壳运动的影响，沟谷切割深长，沟深坡陡，山脉整体脉络明显。这里水资源丰富，境内河流穿行于峡谷之中，迂回曲折，河床深切，气候较为温和，湿度大，日照时数少。这些自然条件促成了加榜地区最为明显的气候特征——垂直立体气候，当地民俗有着"一山有四季，十里不同天"的说法。同时，这一带的土壤以黄壤和黄红壤为主，质地较黏，有益农业种植[17]。加榜地域的自然资源为梯田营建提供了环境基础，使得在苗民此山地环境中发展水稻梯田农业成为可能。

本章研究区域位于加榜梯田的核心区。梯田沿加车河谷两侧依山而建，范围始于党扭村，途经加页村、加车村、从开村、平引村、加榜村及加车河对岸的摆别村，止于摆党村，全长约25km，总面积万余亩。其中党扭下寨、加页三组、加页大寨、加车大寨、加车七组等村寨附近，梯田分布最为集中，景观最为壮观[18]。

该地区是苗族的主要聚居地之一。历史上的苗族历经数次迁徙，路线呈现由北至南，由东到西的态势，地域变化呈现从中原平坝地区向西南高山峻岭的变迁[19]。其农耕生计模式也因迁徙而先后经历平坝稻作、山地游耕、山地稻耕的改变。在这片山地环境中，面对自然环境条件的变化，苗民必须建立与自身相适应的生产生活方式，自此开垦山林，稻作为生，营建自己的聚居之地。在漫长的历史过程中，高山稻耕农业的形成是苗民将平坝农耕文化移植到山地环境的结果。加榜一带山势陡峭，如何进行山地稻耕成为非常关键的问题。苗族先民经过长期的摸索和借鉴学习周边民族经验，逐渐发展了一整套梯田营建的方法和技术。

4.2　梯田的营建、维护及传统知识

在高山陡谷地区营建梯田是项系统工程，需要掌握相应的知识与技术，并依一定步骤而成。根据田野调查和村民访谈，加榜梯田的营建与维护过程可概括为察山寻水、引泉开渠、顺山开田、平整梯面、分水储水等环节，梯田营建完成后还需年度性地进行维护，在此过程中形成了丰富的地方传统生态知识。

4.2.1　察山寻水

古人云，"因水促土，而修梯田"[12]。开田选址，首先要选择临近沟泉之处，黔东南的水源来自高山泉水，在开田选址时，要找寻村寨附近的山泉，并据此考察山泉自留灌溉能覆盖的范围。其次，选择光照条件较好的开田选址，苗族先民们以西晒的田为上等，这里光照时间充足，可保证水温，有利谷粒饱满。再次，考察地形地质，坡度过大或土质较松易崩塌之地不宜入选，土质不保水或不利于水稻种植之地不宜入选，"黄泥坡可以造大田"[20]。最后，根据坡度大小来决定田块的大小，坡度平缓的就要修大些、密些，坡度较陡的田块建造要小些、稀些。

4.2.2　引泉开渠

有水方能营田，山地的地形条件决定了水的获取和管理是梯田营建中的关键支撑，据史料记载，传统苗民很早就掌握了寻找山泉并开辟沟渠的方法。当地山顶生态林地吸收和

蓄积大量水分，在地表浅层形成稳定的含水层[21]，寻找到山泉水源头后，利用坡地地形和修筑沟渠技术，将高山泉水引入沟渠或小溪流中。传统的水渠一般是就地直接开凿，都是天然的冲沟、切沟、细沟等土沟一类，形成了依山就势、规模各异、覆盖广泛的泉渠体系，确保每片梯田能够获得山泉水灌溉（图4-2）。

4.2.3　顺山开田

选择合适的地点以适宜的方式开辟梯田是整个梯田营建的核心环节，当地苗族先民在数百年的营建实践中逐渐总结形成了一定的程序与方法、积累了丰富的地方知识与技术。梯田开挖应"顺山，不宜破山；填方和挖方要平衡"[21]，要顺应山坡走势开垦，注意填挖方的平衡。梯田开挖从下至上，

图4-2　加车村梯田灌溉系统示意图

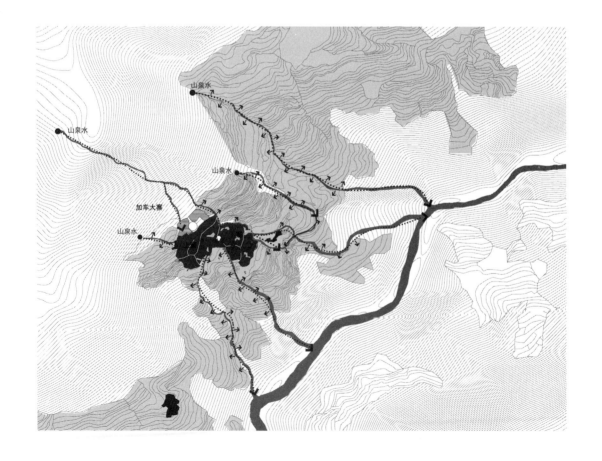

由于山地的表层土壤颗粒细腻，较利于耕作。苗民做法是取表层土壤放置一边，把下层生土切成方块取出，作为土砖层层垒砌，到一定高度后形成一个相对平整的面，之后再把取出的表层土壤铺回表面。此外，苗族先民还总结出梯田营建中的三忌，"一不要挖断主山脊；二围山造田，不能把山全部挖平；三不能堵死熔岩洞口"[21]。同时，苗族先民还围绕开田形成了祭祀等一系列的仪式与文化活动，以祈求田地产出顺利。从开田的诸多讲究和禁忌中可以看出苗族人民在改造自然过程中与自然和谐相处的生态观。

4.2.4　平整梯面

开垦之后需对梯田面进行平整作业。平整过程中，最大问题是会遇到巨石阻碍，当地村民也有应对方法：一种是利用热胀冷缩原理，放火烧石，然后再往石头上泼冷水，在热胀力与冷缩力作用下使巨石破裂；另一种是利用小面积增大压强原理，运用当地独特的生产工具——"石冲"，将巨石碎成小块，如此方式一级级地平整梯面，直达数百上千级。此外，平整作业后，村民会通过竹筒盛水的方式测量梯面是否水平。平整的土面基本形成后，还不能马上种植水稻种，一般要种旱作物或蓄水储肥，使土壤的颗粒细小和细腻以达到水稻种植的土壤活性要求。

4.2.5　分水储水

当地村民通过开凿水渠或使用水槽进行引水，以有效控制水的灌输方向，利用纵向沟壑、横向水渠和水田贯通水流；同时还在上下丘田地留有进出水口，利用山地高差优势，完成自行的串流灌溉（图4-3）。此外，当地民众对农田灌溉用水的分配形成了一定的规则，在用水季节，有些村寨在沟渠当中会使用分水闸进行分水。分水闸是用木板按比例刻成宽窄不同而生成水平的缺口，村民依据协商确定水渠旁各户的

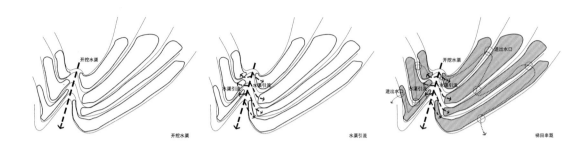

图4-3 梯田水渠分水及田间补水示意图

分水比例或者分水时间。

为了使旱季用水不缺，梯田旁与村寨中都分布有大量的水塘进行储水，某些水田也通过改造成高水位的深水田而兼具一部分储水功能。这样通过水源、水渠、水塘和水田要素控制，形成"开挖水渠—水渠引流—水塘蓄水—梯田串溉"梯田生态水利模式循环。

4.2.6 惯常维护

梯田需要定期维护来保持土壤活力，以利于次年耕种和获得更好的收成，主要有以下惯常的维护方式。（1）割禾兜：在稻田收割完毕后，必须及时将田中的稻茬割掉，这样做一是防止稻兜发新苗消耗肥力，二是利于次年耕种，三是禾兜割倒后，能腐烂变成肥料。（2）泡田：为了防止水土流失，每年冬季要蓄水泡田，保持土壤湿度，呈现出人们看到的"水泡冬田"波光粼粼的景象。（3）复犁：在犁田阶段采取"复犁"的方式，即秋收后入冬前完成一道犁耙，次年插秧前，再犁耙一至二道，经过多次犁耙，泥土变得疏松、肥力得到增强。（4）浆田坎：每三年左右会使用黄泥糊一次田坎，俗称"浆田坎"[22]，以防漏水。（5）干田：若田中曾出现过钻心虫，需要将田水放干，让水田干透，使田土疏松，除清杂草，然后将田翻犁，将田中禾兜晒干集中焚烧，把一些藏在稻茬内的钻心虫烧死，以防下年再害钻心虫灾。通过如上手段持续加以维护，梯田方能不断发挥功能，形成稳定的梯田景观。

4.2.7 蕴藏的传统生态知识

梯田形成后，当地苗族村民发展出了一整套的高山稻田耕作模式。将原本平地稻田耕作模式经调整、适用及发展，适用于当地陡坡、低温等环境气候条件，是苗族村民在高冷山区环境下耕种生产中的创造性发展，蕴藏着朴素的传统生态知识（Traditional Ecological Knowledge），如水温调试、水冲施肥、"稻—鱼—鸭"共生等。

（1）水温调试

山区海拔高、林密水寒，不利于喜温作物水稻的生长。面对低温不利条件，苗族村民在水利上有积极的应对策略和适应性调试。村民通过开凿水沟和搭接竹筒，将地下泉水引到地上；同时，尽可能地延长沟渠长度，加长水的通透时间，形成小面积的跨流域调水，再引水灌溉良田。实测"过滤"水流入稻田时，水温较源头处提高了3~7℃[23]。此外，苗民还会通过局部砍伐一定量的树木和作物稀植来增加受热面积。

（2）水冲施肥

加榜梯田的施肥方式是"活水施肥"。梯田和村寨中均设有水塘，平日里会将家禽牲畜粪便、有机垃圾等积集于此。每年栽秧时节，开动山水，肥水顺沟冲下，流入寨下方的梯田，搅拌肥塘，即"冲肥施肥"。每年稻谷拔节抽穗之时正值雨季初临，后山森林积蓄、堆沤了一年的枯枝落叶、动物粪便等顺山而下，流入山腰水沟，村寨男女老少一起出动，随雨水将沤好的肥赶下山，为田施肥，即"赶沟施肥"。苗民利用高山坡地优势，创造性地以水为肥，利用"冲肥"和"赶沟"等生态农业施肥方式，为寨下方的梯田提供充足肥料。

（3）"稻—鱼—鸭"共生

在苗族高山农业的生态智慧中，"稻—鱼—鸭"复合农业生态系统是一项十分重要的创造。在黔东南的梯田中，湖泊水塘甚少，因此农民只能在田中养鱼。稻田可以为鱼的生

长提供了优质环境和丰富饵料，又能借助鱼帮助吃掉田中的
害虫、杂草等。而在稻米生长的特定时间段放养鸭子，鸭子
以昆虫等为食，不仅不会影响水稻和鱼的生长，而且可以起
到除害虫和肥田的效果。苗民在长期的生产实践中，对稻田
的生态系统结构和功能都进行了改造，力求在集约的土地面
积上做到高质量产出，发挥水田生态系统的最大承载力。

4.3　梯田的分布、类型与形态

经过数百年的营建和维护，加榜地区形成了分布广泛、
规模巨大、景观壮丽的梯田系统。这些梯田呈现出分布集中、
顺应山水、类型多样、形态自然的特点。

4.3.1　分布

苗族民众在传统梯田开辟中综合考虑了光照、温度、坡
度、水、土质、林地资源等诸多因素。梯田选址及其空间分
布具有突出的地域特征。

（1）竖向分布特征：林—村—田—林—水

河谷大量的水汽蒸发和山林间植被的蒸腾作用，在高空
冷却凝结形成降雨和雾气，为高山的原始森林吸收并蓄积了
大部分水分，降水又转换为地下水进行保水。因此，位于上
方的山林可为下方的村落和梯田提供生活和生产必需的水源，
田置于寨的下方，一直延伸到靠近加车河谷。较为独特的是：
河谷与田之间保留一定的树林植被保水。究其原因有二：其
一，当地海拔高、地形陡峭，开辟难度大；其二，山洪范
围大，山洪暴发时山间溪水水位上升，开田要远离水位线。
因此，加榜梯田的竖向空间分布的特征可概括为：山下山林
围合，田置其中（图4-4）。

在海拔高度上，田的分布会稳定在一定范围之内。本区
域中梯田的分布范围主要集中在500～1100m。这主要是由区

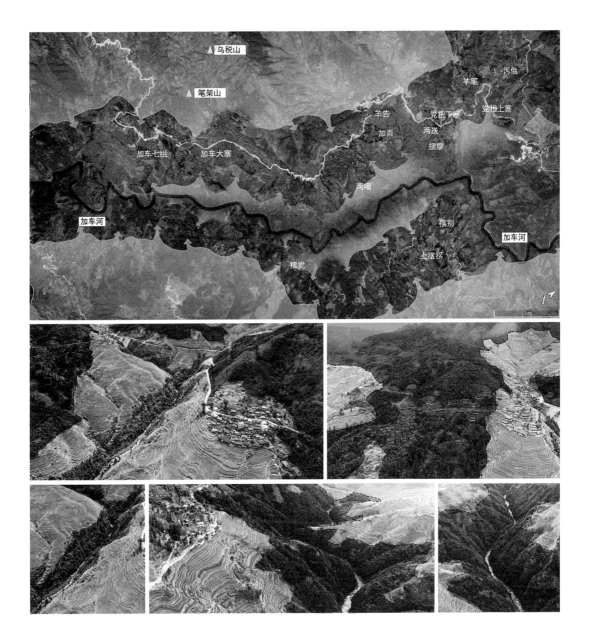

图4-4 加榜梯田分布的竖向规律

域海拔高度的热量条件决定的。因为田所在海拔高度与土温有较直接的关系，温度需要控制在一定范围内，太高或太低皆不利水稻的稳定生长。

从图4-5可见，山林、聚落、梯田和河谷四要素构成，竖向上呈现出"林—村—田—林—水"空间格局。位于田上方的山林和下方的树林植被，起到了竖向双重水土保持的作用，更利于提升加榜梯田湿地的保水性，有益于作物的生长。

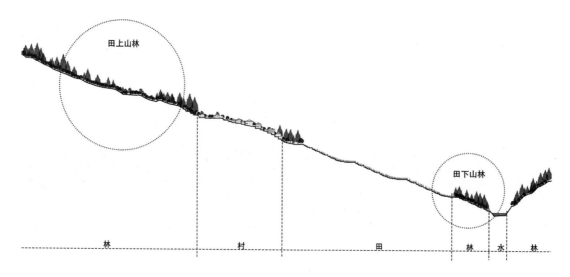

（2）横向分布规律："林—水—田—水—林"

图4-5　加榜梯田（加车大寨段）剖面图

从地貌特征上看，梯田开辟位置大多选择在山脊处，而山洼处多保留山林植被。山脊呈现"凸"状，其展开面大，接受阳光照射面积更大，更有利于满足水稻所需的光照时间，同时光照时间长，温度则有一定的提升，更利于水稻的优质培育。山洼地带呈现"凹"状，此位置易形成汇水区，沟渠大多开凿在此，水冲也形成了村与村的边界。在山势较陡峭的山洼处，郁闭度高，不利光照，且沟渠较多，甚至在陡峭之处水势会过猛，因此不宜开田，通常会保留原山林植被。

梯田的横向分布规律特征可概括为：横向片田间隔分布。田与田之间的横向山林带的分隔，一方面利于生态循环中水平向的保水，另一方面起到横向片田与片田间的隔水作用，有利于每片梯田湿地相对独立的垂直生态循环。梯田横向上呈现出"林—水—田—水—林"的空间格局（图4-6）。

4.3.2　类型

加榜梯田中的田类样式多样，乾隆《黔南识略》中即出现了"滥田""水车田""堰田""冷水田""塘田""井田""干田""望天田""梯子田""腰带田"等多种说法。当今有学者将梯田分为岗田、塝田、冲田三大类型[24]。经过调

图4-6 加榜梯田的横向分布规律

研，笔者认为影响梯田本质特征的影响因素有两方面：一是分布位置；二是水源灌溉方式。根据这两点，可大致将其分为表4-1所示类别。

加榜梯田中田的类型 表4-1

划分方式	名称	别名	分布特点	突出特征
按田所在位置划分	坡田	—	山林和村寨下方的山坡上	面积最大
	冲田	山冲田/沟冲田	深山夹沟	土温低、水势冲
	堰田	坝田/平坝田	河谷平坝	水源丰富
按水源灌溉方式划分	井田	—	水井附近	井水灌溉
	塘田		低洼积水处	具有蓄水功能
	滥田	滥泥田	水源丰富地带	灌溉水源浸溢不断
	冷水田	冷脚田/冷浸田	坡脚、深山夹沟或平坝低洼处	土温低
	锈水田	煤水田	煤层出露的坡脚、沟谷和缓坡丘陵地带	土温低
	望天田	旱田	无灌溉田间的坡上、寨旁边	无水源灌溉，仅可旱种

根据田所在的位置，可将田分为坡田、冲田和堰田三大类型。坡田是加榜梯田中分布最广、数量最大，也最利于水稻耕作的类型，一般位于山麓的阳坡，光照条件最好，一般由村寨而下直抵河谷底部，可绵延数百米。冲田主要分布在深山夹沟，少量在坡脚和平坝低洼处，以山溪水灌溉，当地苗民称这类田为"山冲田"，"地居洼下，溪涧可以引灌"[13]，这类田日照时间短，水温和土温低，容易出现水涝等问题，对水稻的稳定生长有不利影响。堰田即坝田或平坝田，地形平缓，水源富足，筑堤可灌溉，是最为常见的平地稻耕形式，但由于加榜地区沟谷深长、地势坡度大，很难冲刷出较平坦的坝子区域，仅有小块的坝田零星存在。

根据水源灌溉的方式，可将田分为井田、塘田、滥田、冷水田、锈水田、望天田等类别。井田以山泉水灌溉。"积水成池，旱则开放者谓之塘田"，有些区域地势较低，田则兼具蓄水之用，俗称"塘田"。滥田则是"源水浸溢，终年不竭者谓之滥田"，亦不利于稻谷生长。冷水田又称"冷脚田""冷浸田"，主要分布在坡脚、深山夹沟或平坝低洼处，也包括海拔较高处有山泉水涌直接灌溉的田，因长期被冷水浸泡，温度较低，土壤的通透性较弱，微生物活动较弱，养分略显不足[25]，加榜梯田地处崇山峻岭、高森林覆盖率，冷水田有一定占比。望天田是没有水源灌溉，仅靠自然降雨灌溉的田，形状较为无序。

4.3.3 形态

梯田依山就势而建，平面形态富于韵律，类型丰富，可以分为如下类别（图4-7）。（1）单核：呈现具有一个核心的闭合曲线。（2）多核：包含多个核心的封闭曲线。（3）无核平行型：梯田台线为多条非封闭曲线，呈现平行或近似平行分布。（4）无核交错型：梯田台线为多条非封闭曲线，所处位置地貌复杂，呈现交错分布。

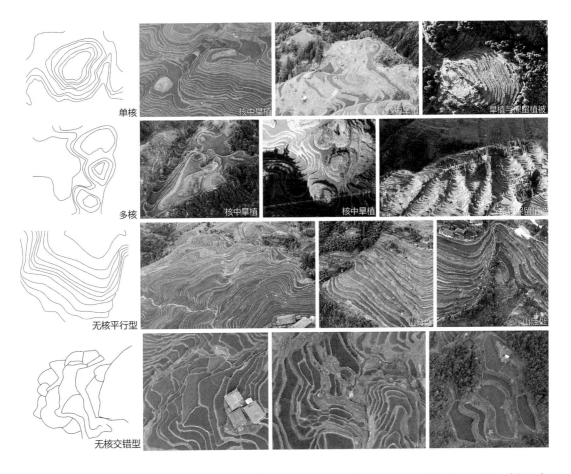

图4-7 加榜梯田平面形态类型

加榜梯田形态与其所处地形有直接关联，同时对梯田水稻耕作产生重要影响。有核型的核心位置通常为突兀高地，由于长期缺乏水源灌溉条件，大多数是旱田，核中多培育旱生经济作物，还有一些保留原树木植被，不进行作物培育。而无核型基本为水田，分为位于山脊处的梯田和位于山洼处的梯田。

4.4 以梯田为核心的山地稻作农业景观

山地稻作农业景观是具有多样性和整体性的动态可持续的有机体，包含山体、河流、林地、耕地、村庄等物质要素和民风民俗、宗教、制度、信仰等精神要素。景观形态构成包括农田建设、水利工程等生产景观形态，田中"吊脚楼"、禾仓、禾晾等村落景观形态，以及山林植被、江河湖泊等自然景观形态。各种形态相互交织，联系紧密，并受到物质要素、精神要素以及生产生活状态等的影响。

4.4.1 "自然—人工"和谐之美的梯田视觉景观

加榜梯田景观所展示出山水自然经人工营造后的明晰肌理轮廓美和生动曲线美。作为大地景观艺术，加榜梯田在视觉上展现出明显的空间秩序规律，巧妙而完美地丰富了自然景观层次，在视觉美感层面充分体现了山地严苛生境之下"自然—人工"和谐之美。

同时，加榜梯田四季呈现出不同的视觉观感，特征鲜明。早春的水、仲夏的禾苗、金秋的稻谷和冬日的积雪，都成为构成梯田季相景观的要素。春天田中水映衬远山，宛如一块块镶嵌于山岭丘壑间的明镜，呈现一派天光云影。夏天禾苗翠绿，好似蜿蜒飘动的绿波带缠绕于山麓之间。秋天千山万壑金黄璀璨，满山稻浪翻滚，一幅村中的男女老少都到田间摘禾的丰收之景。冬天则田泡水中，万籁俱寂，遇雪更加突显梯田的线条和轮廓，田雪相映成趣。

4.4.2 "山林—村寨—梯田—河谷"四素协同的农业生态系统

梯田并非孤立存在，它位于河谷之中，与山林、村寨、河流水系共同构成了复合的农业生态系统。位于高山的原始森林吸收并蓄积了大部分水分，形成隔水层，使得森林涵养的水源随处可涌出，形成大量天然山泉。这些泉水为森林下方的梯田灌溉和人畜饮水提供了稳定水源。梯田自流灌溉，以水稻种植为主，配合鱼类、螺蛳、黄鳝、泥鳅等水产养殖。梯田不仅为聚落苗民提供了粮食基础，而且减缓地表径流速度，有利于水土保持。人们从聚落上方森林中获取薪柴、狩猎动物、采集花果，获取聚落生存的必要物质能量来源。同时，人们亲手建造村寨下方的梯田，通过管理和维护，使梯田能够长久稳定存在。人们将生产生活用水、垃圾、粪便截留在梯田自净，作为天然肥料增加土壤肥力，并且减少了污染。

山林、村寨、梯田与河谷四要素，相互作用与制约。当地苗民充分利用当地气候、植被的垂直分布特征，形成了四素互动的稳定农业生态系统（图4-8）。千百年来，这里能够长期维持良好的原生态景观，归功于苗民的生态意识和生态智慧的运用，促进了生物多样性的生成、水资源的修复和生态系统的平衡。

4.4.3 "山—水—林—田—村"整体的"生产—生活—生态"空间格局

通过"山林—村寨—梯田—河谷"农业生态系统的建构，加榜梯田形成了"山—水—林—田—村"的整体空间。梯田营建的最终目的是保证高山稻作的粮食稳产，以满足生存之需。相应的，山水形成基本的地理单元，山林提供水土保持涵养水源，并为村落提供居所建筑用材。至此，加榜梯田农业景观以高山稻作农业为核心，逐渐在自然中开辟生产环境空间，再完成聚落的营建，最终形成了"山—水—林—（梯）田—村"在山地空间格局，支撑了当地苗族人民数百年来的生存与繁衍，成为他们理想的家园。

图4-8 河谷生态微循环示意图

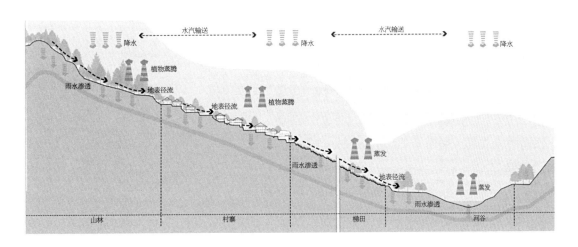

4.4.4 基于梯田稻作的农业民俗文化

在数百年的生产生存活动中，围绕高山梯田稻耕农业，当地苗族民众形成了一系列的农事性祭祀礼仪、传统节日等，构成了特点鲜明的文化景观。加榜梯田主要种植"糯禾"，并一直保持至今，农事性节日紧扣梯田稻耕农时，形式多样，内容丰富，较为主要的有开锄祭、播种节、开秧门、关秧门、吃新节和芦笙节等（表4-2）。农作相关的节日具有节令性、农事性的双重意义，充分结合了稻作文化与祭祀礼仪，融合了自然与文化崇拜。

从江县苗族农事性节令风俗表 　　　　　　表4-2

节庆/祭祀	时间（农历）	节点	意义
开锄祭	立春早晨	播种前	示意该片稻田为自家人所有
播种节	立春后三声春雷后的寅日或卯日	播种日	寨老到其耕种的田块播种
开秧门	丑（牛）日或未（羊）日	插秧日	预祝水稻丰收
关秧门	插秧完成后时日，不固定	插秧完	庆祝满栽满插
吃新节	六月中旬至七月中旬	丰收前	预祝稻田丰收
芦笙节	正月十六至二十或九月廿七至廿九	丰收后	庆祝丰收，祭祀祖先

4.5 结论与讨论

景观作为一个由不同空间单元镶嵌组成，具有明显视觉特征与功能关系的地理实体，具有经济、生态和文化的多重价值。以加榜梯田为典型案例的苗族梯田农业景观，充分体现了山地民族对严苛自然环境的主动适应与适当改造，形成了"开挖水渠—水渠引流—水塘蓄水—梯田串溉"的高山生态水利模式，构成了"山林—村寨—梯田—河谷"四素同构的稳定生态循环，形成了"山—水—林—（梯）田—村"整体的空间格局。

黔东南地区苗族梯田农业景观具有多功能和多重价值特征。第一，作为典型山地立体农业景观，具有审美学上突出优势，尤具区别于其他传统平原农业的竖向立体美特征。第二，将平原的稻作种植方式应用在艰苦的高山环境下，过程中积累了于复杂地形中开田的技术智慧，沉淀出丰富的山地农作经验，这区别于现代农业和其他传统农业，其中蕴含的生产、生态价值并非孤立存在，而是呈现一定的复合统一性，具有原生性和完整性。第三，苗族在生存压力下，以梯田营建和维护为核心，形成了高山稻作生计模式，以及丰富多彩的山地民族文化，具有高度的美学、文化和遗产的多重价值。

参考文献

[1]　王祯. 王祯农书[M]. 杭州：浙江人民美术出版社, 2015.

[2]　姚云峰, 王礼先. 我国梯田的形成与发展[J]. 中国水土保持, 1991（6）: 56-58.

[3]　邱燕, 曹礼昆. 元阳哈尼族梯田生态村寨研究[J]. 中国园林, 2002（3）: 34-35.

[4]　角媛梅, 程国栋, 肖笃宁. 哈尼梯田文化景观及其保护研究[J]. 地理研究, 2002（6）: 733-741.

[5]　FUKAMACHI K. Sustainability of terraced paddy fields in traditional satoyama landscapes of Japan[J]. Journal of environmental management, 2017, 202: 543-549.

[6]　TEKKEN V, SPANGENBERG J H, BURKHARD B, et al. "Things are different now": Farmer perceptions of cultural ecosystem services of traditional rice landscapes in Vietnam and the Philippines[J]. Ecosystem services, 2017, 25: 153-166.

[7]　JIAO Y M, LI X Z, LIANG L H. Indigenous ecological knowledge and natural resource management in the cultural landscape of China's Hani Terraces[J]. Ecological research, 2012, 27（2）: 247-263.

[8]　张多. 从哈尼梯田到伊富高梯田——多重遗产化进程中的稻作社区[J]. 西北民族研究, 2018（1）: 35-44.

[9]　马楠, 闵庆文. 伊富高浑都安梯田的恢复力与保护研究[J]. 世界农业, 2018（5）: 144-149+203.

[10]　SORIANO M A, DIWA J, HERATH S. Local perceptions of climate change and adaptation needs in the Ifugao Rice Terraces (Northern Philippines)[J]. Journal of mountain science, 2017, 14(8): 1455-1472.

[11]　张求阳. 浅析世界文化景观遗产——以菲律宾的稻米梯田为例[J]. 绿色科技, 2014（12）: 112-115.

[12]　毛廷寿. 梯田史料[J]. 中国水土保持, 1986（1）: 33-34+66.

[13]　杜文铎, 等. 黔南识略·黔南职方纪略[M]. 贵阳：贵州人民出版社, 1992.

[14]　张和平. 月亮山地区苗族梯田文化探讨[J]. 安徽农业科学, 2011, 39（30）: 18726-18727.

[15]　张和平, 朱灿梅, 杨东升. 月亮山山区梯田及其生态文化研究[J]. 中国水土保持, 2011（5）: 49-50.

[16]　杨明良, 傅安辉, 张和平, 等. 月亮山地区梯田生态功能与耕作文化调查[J]. 凯里学院学报, 2012, 30（3）: 81-83.

[17]　贵州省从江县志编纂委员会. 从江县志[M]. 贵州：贵州人民出版社, 1999.

[18]　张兴涛. 从江加榜梯田[J]. 新闻窗, 2015（3）: 2.

[19]　石朝江. 中国苗学[M]. 贵阳：贵州人民出版社, 1999.

[20]　李国章. 报德苗族[M]. 贵阳：贵州人民出版社, 2006.

[21]　吴玉贵. 走进雷山苗族古村落[M]. 北京：中央民族大学出版社, 2010.

[22]　吴寿昌, 黄婧. 贵州黔东南稻作梯田的历史文化及生态价值[J]. 贵州农业科学, 2011, 39（5）: 81-84.

[23]　罗义群. 黔东南苗族历史文化研究[M]. 北京，民族出版社, 2016.

[24]　卞亚平, 陶涛. 梯田的灌溉与排水技术[J]. 中国农村水利水电, 1998（10）: 14-15.

[25]　卢云祥. 冷烂锈田的改造和利用[J]. 耕作与栽培, 1982（4）: 31-33.

山林景观

本章作者：孙海燕，周政旭

摘要：聚落营建基于山形水势，充分与山水互动，保持或培育了充分的植被覆盖，形成了聚落—山地—林园相互依存的特色山林景观。本章以黔东南雷公山腹地的陶尧河谷为例，研究典型苗族聚落山林景观。研究发现该地区聚落山林景观格局呈现出"水平分段"的特征，自下游至上游可概括为："村占山脚，环绕坝田"的河谷平坝段，"上有密林，下有梯田"的深谷段和"村寨农田沿溪伸展"的高山溪谷段。同时，陶尧河流域的聚落山林景观格局呈现出"垂直分层"的特征，自上而下可以概括为以自然山林为主的"自然层"、以村寨为主的"生活层"和以农田为主的"生产层"。苗族聚落山林景观在聚落层面包含了自然生态林、用材经济林、保寨风水林、河谷廊道林及寨中林园，山林既是苗族人民生存的自然屏障，也承载着深厚的文化内涵。

5.1 引言

我国是多民族融合国家，千百年来，各民族多以一种融于自然的方式在自然环境中栖居，形成了独具特色的聚落景观。其中，西南地区是少数民族的主要聚居区之一[1]，聚落营建基于山形水势，充分与山水互动，保持或培育了充分的植被覆盖，形成了聚落—山地—林园相互依存的特色山林景观。

"山林"自古即园林营建中的地理基础。在《园冶》当中"山林"指山、林并存，适宜造园的地貌特征："园地惟山林最胜，有高有凸，有曲有深，有峻而悬，有平而坦，自成天然之趣，不烦人事之工。"从场地性质上看，山林指适合园林营建的场地；从空间特征上看，"山林"需同时具备峻悬、平坦等多种地形属性；从植被特征上看，"山林"强调植物要素的重要作用，力求植物种类丰富多样并已具有一定的规模。由此可见，大部分竖向起伏变化、植物遍布且种类丰富的场地都可以称为"山林"，且往往是在人工环境中充分反映自然意趣的手段[2]。但本章提出的聚落山林与其有显著区别，聚落山林是基于山地这一特定的自然地理基础，以植物群落为主体，经人工影响、改造而发展出来的"人—地形—自然—文化"的生态人居景观。从空间层次上来说，涵盖了宏观层面的聚落体系与广袤山林共同形成的景观格局及风貌、中观层面的聚落与山林环境互动形成的较为稳定的山林景观结构、微观层面的村寨对山林环境进行借鉴和改造所营建的植物景观。从内涵层次来说，涵盖了自然生态林、用材经济林、保寨风水林、河谷廊道林和寨中林园等物质要素，以及山林所承载的民族文化、宗教信仰和生活方式等精神要素，是一个完整、复合的体系，起到了保障乡村生活、维护乡村安全、优化乡村景观、丰富文化内涵的作用[3]。

苗族是一个典型的山地少数民族，主要分布于贵州省，该地区山峦起伏、林木蓊郁。在这种特殊的地理环境之中经过长时期的营建，形成了颇具特色的山地聚落以及山林崇拜意识[4,5]。本章以贵州陶尧河谷苗族聚落为例，按照"流域——聚落——村寨"的空间层次，对其形成的聚落山林景观开展研究。

5.2　流域尺度山林景观

山林是苗族聚落生存环境的重要组成部分。广袤的自然山林为苗族人民的栖居提供了良好的自然保护屏障，也成为其获取物质资料的重要来源。农耕时代，苗族人民依山就势，造物盖房形成聚落，改造自然，开荒种地，也依然离不开山林提供的水源、木材、药材、柴薪等物质材料。人们在适应山林、改造山林、调试修复山林的过程中，使陶尧河谷形成了独特的聚落山林景观格局（图5-1）[6]。

5.2.1　流域山林景观格局

山林景观可以归纳为三个层次：呈面状的广袤片林——聚落区域范围内山体上的自然山林；呈条带状的延展林带——多位于聚落生产生活范围内，常存在于村寨周边、水体、道路、田垄等地，对聚落起到维持生态、防护隔离等作用的由于人的干扰而形成的山林；呈块状或点状的集中林园——村寨内部公共空间林园、宅基园林等对于村民日常生活有重要意义的林园。

图5-1　雷公山区陶尧河谷三维轴侧图

大面积片状山林主要位于山腰到山顶。其占据了河谷的绝大部分区域，且自下游至上游，随着聚落密度的减小，海拔的升高，温度的降低，自然山林所占比重逐渐增大。一方面因为海拔的升高，其范围内的高山溪涧温度过低，且水源分布较为分散，限制了作物的种植，故而田地的开垦较低海拔地区难度增大，村民对山林的开伐减少。另一方面因为聚落密度的降低，聚落保证生产生活所需的活动范围较下游地区减小，相应保留自然山林亦变多。山林的存在为苗族聚落提供了宝贵的绿色生态屏障，也为聚落的发展提供了珍贵的资源。

带状山林主要位于河谷至山腰处，在聚落范围之中，成为自然山林和村寨之间的过渡，顺接自然山林，与聚落空间形成指状咬合关系。聚落山林大多呈线状分布。其中一部分沿河谷分布，平行于等高线的方向，起到加固河道、涵养水土的作用；另一部分垂直于等高线分布，多位于梯田之中的沟谷或田坎之处，有利于保障梯田的坚固、减少水土流失；也有呈块状或呈半环状包裹村寨的，多为风水林，起到守寨护寨的作用。

块状或点状林园则多分布于村寨之中，起到美化环境、方便居民日常生活的作用。

以上三者共同构成了该区域的山林景观。

5.2.2 山林景观区段差异

陶尧河谷中的各个区段在地理环境和文化背景方面具有一定的相似性，但河谷内的具体环境不是一成不变的。陶尧河的上游区段、中游区段和下游区段的聚落山林景观存在一定差异。

第一，"水平分段"的景观格局特征。陶尧河谷的景观格局从水平方向上来看，可分为下游河谷平坝段、中游深谷段、上游高山溪谷段三段（图5-2）。下游河谷平坝段水源充

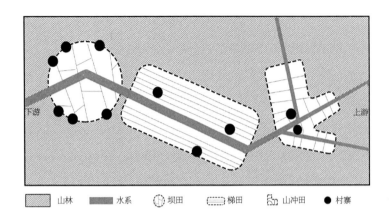

图5-2　陶尧河谷聚落体系平面聚落山林景观格局示意图

图例				
山林	水系	坝田	梯田	山冲田　●村寨

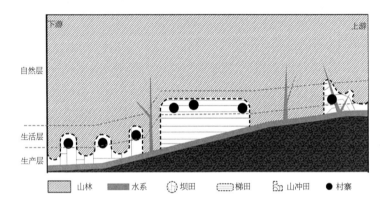

图5-3　陶尧河谷聚落体系沿河剖面竖向景观格局示意图

图例				
山林	水系	坝田	梯田	山冲田　●村寨

沛、地势低平，多采用坝田耕作的生产方式，村寨大多形态规整，常位于山脚，背靠青山，面向田坝，环绕中央低平的平坝田呈环状布局。中游深谷段河道深嵌于沟谷之中，地势险峻、坡度较大，多采用梯田耕作的生产方式，村寨多位于山腰，寨后林木苍郁，寨前面向层层叠叠的梯田，村寨多呈条形或弯月形，沿等高线方向布局。上游高山溪谷段地形破碎，山体陡峭，溪谷密布，多沿溪流方向开辟山冲田。村寨紧邻溪流布局，外形近似星形。

　　第二，"垂直分层"的生态环境特征。陶尧河谷的聚落山林景观有着明显的垂直结构，自上而下可以概括为"自然层"——"生活层"——"生产层"（图5-3）。上层为"自然层"，主要为海拔1200m以上的区域，以连绵完整的自然山林为主。植被丰茂的山林作为村寨的生态屏障，不仅有保持水土、涵养水源的重要生态功能，而且为居民提供了木材、药材、食物等丰富的物质资料。中层为"生活层"，是大部分村寨所处区域，也是人们的主要生活区间。上游村寨与水系关系极为紧密，村寨紧邻溪水布局；中游村寨多距河道较远，村寨上为山林，下为梯田，既可保障村寨安全，又避免了梯田垮塌带来的危险；下游村寨多位于山脚，背山面田，与河道保持一定距离。下层为"生产层"，受生产活动影响，以农田为主，上游主要为山冲田，中游主要为梯田，下游主要为坝田，各类农田为当地村民提供了生存发展的主要生存保障，田间的溪谷处多有林网存在，起到保水固土的作用。

5.3 聚落尺度山林景观

陶尧河谷山高谷深，自然山体之上生长着茂密的森林，山与林共同构建了苗族聚落的自然生态屏障，也形成了多种景观类型，其中包括自然生态林、用材经济林、保寨风水林和河谷廊道林等。

5.3.1 自然生态林

自然生态林指位于聚落坡地上方或聚落周边的自然原生林地（图5-4）。苗族聚落多位于山体坡度陡、土层浅的流水

图5-4 陶尧河谷自然生态林

侵蚀地貌环境中，这样的地区极易发生水土流失。但是村寨背后的山坡上通常山林繁茂，这起到了加固土壤的作用，减少了水土流失的发生。另外，苗族聚落都在山上，但是水源充足，这与其聚落周边长期保存下来的广袤山林有着密不可分的关系，蓊郁的山林植被使聚落周边可以维持比较稳定的浅表型地下含水层，具有丰富的地表径流，可以满足苗族聚落的用水需求。苗族当地有民谚："山有多高，水有多高。"可见苗族人深知其中的道理。再者，大面积的连绵山林建构了连片的生态栖息地，这样的自然林带成为多种动物迁徙的走廊，这对维护众多生物的正常繁殖也有着不可替代的作用，不仅有利于生态环境的可持续发展，而且有利于人与自然的和谐共处[7]。

调研区域虽然是植被保存状态较好的区域，但由于聚落的长期活动，原生植被已经较少见到了。当地植被林冠郁闭，群落较为稳定，自然生态林中常见的常绿乔木有多脉青冈（*Cyclobalanopsis multinervis*）、薯豆（*Elaeocarpus japonicus*）、疏齿木荷（*Schima remotierrata*）等；落叶乔木有水青冈（*Fagus longipetiolata*）、光叶水青冈（*Fagus lucida*）、杨梅（*Myrica rubra*）、石栎（*Lithocarpus glaber*）、板栗（*Castanea mollissima*）等，林下灌木有马银花（*Rhododendron ovatum*）、短柱柃（*Eurya brevistyla*）、油茶（*Camellia oleifera*）、木姜子（*Litsea pungens*）等，草本植物有淡竹叶（*Lophatherum gracile*）、锦香草（*Phyllagathis cavaleriei*）等。

5.3.2　用材经济林

用材经济林指用材林、经济林、薪炭林等。经济性山林为苗族人民源源不断地提供各式各样的资源，苗族的山地农耕、狩猎、采集、居住、饮食、器具等无一不是基于山林。山林是当地人民谋求生存的重要环境和物质基础，是聚落生存的保障。

山林中生活的各种动植物为聚落的狩猎和采集活动提供了必要条件。同时，苗族人民日常生活所居住的吊脚楼、村中的风雨桥以及苗民使用的诸多工具均为木制。人们就地采伐林木以满足生活所需，来自山林的木材、杉树皮等自然材料在建筑上的运用加强了苗族传统聚落山林景观的民族特色。在山林中采伐狩猎获取资源之外，当地人还依靠取法自然的生态智慧，培植人工林、茶田、药林以获取经济收益。数百年来，陶尧河所属的清水江流域一直都是我国重要的杉木产区。当地居民很久以来就擅长林木、作物的栽培、种植和利用。村民们不仅利用当地生产的木材建造房屋、制作工具、保障自给自足，而且用木材与外地商人交换生活用品，甚至能够将部分品种木材外销，为村民带来额外的经济收入[8]。

陶尧河流域中常见的用材经济林中的植物有杉木（*Cunninghamia lanceolata*）、马尾松（*Pinus massoniana*）等。

5.3.3 保寨风水林

在自然崇拜民族观念的引导下，位于村寨周围的林木常被苗族人民赋予神性，被人们称作"风水林"，也有村寨将之称为"保寨林""护寨林"（图5-5）[9]。

图5-5 村寨上方的风水林

风水林承载了苗族独特的"万物有灵"观念。在这种观念的引导下，苗族人民将树木认作神灵的化身，充满了神秘色彩。笔者在走访苗族村寨的过程中，发现当地苗族人民所指的"风水林"有狭义与广义两种解读方式。狭义的风水林是指呈块状或条带状出现在村寨背后的山坡上，包裹村寨，并且有独特文化内涵的林块或林带，由村民共同所有。广义的风水林则可指存在于村寨后方的山脉当中，位于山脊处的延绵不断的"龙脉林"，也称"后容山"或"后龙山"[7]。苗族人民认为风水林的长势可以反映村寨的兴衰，是村寨守护神的栖身之所。风水林中多有百年以上的枫香、木荷或樟木，这些古树被村民们精心地保护起来，只有在"鼓藏节"时会从中砍伐枫香或楠木做成祭祀用的"神鼓"，来彰显祭祀的神圣性。

风水林树木以枫香（*Liquidambar formosana*）、樟木（*Cinnamomum longepaniculatum*）、木荷（*Schima superba*）等为主，许多村寨的风水林当中还有桂花（*Osmanthus fragrans*）、臭椿（*Ailanthus altissima*）、楠木（*Phoebe zhennan*）和水青冈等。其中，枫香是风水林中最常见，也是最具神圣性的树种之一，是吉祥安康的标志和苗族人民美好愿望的寄托[10]。

5.3.4 河谷廊道林

水源是农业社会必不可缺的生产要素，良好的山林环境有利于涵养、净化水源。河谷廊道林主要指在河岸、溪流处，起到涵养水源、防止水土流失作用的林带（图5-6）。

聚落与河道的关系影响着河谷廊道林的分布特征。靠近河道的聚落通常分布于河谷下游较平坦的地段，村寨与河谷之间的平坦土地也多为耕作用的田地，因此河谷林带极窄甚至没有，这种情况下的河谷廊道林有着细窄、间断性强的特点。但由于其距离村寨较近，多见人工雕琢的痕迹，植物群落较为丰富。而聚落若离河道稍远，河道两侧廊道林的宽度就会增加，并且呈现出较强的连续性，廊道特征更加明显，

图5-6 陶尧河流域河谷廊道林

植物群落也更加天然。

　　陶尧河谷常年湿润多雨，时有山洪发生。河谷两侧植被的存在可以起到加固河岸的作用，一定程度上降低洪水等自然灾害带来的危害。河谷廊道林的树种也会考虑到耐水湿等因素，其中常见的乔木有马尾松、光皮桦（*Betula luminifera*）、杉木、五裂槭（*Acer oliverianum*）、皂柳（*Salix wallichiana*）、毛竹（*Phyllostachys edulis*）、水竹（*Phyllostachys heteroclada*）等。

5.4　村寨尺度山林景观

　　"寨中林园"主要指位于村寨中的各类植物景观，不同村寨中有着不同的内容。但总体来看，苗族村寨的寨中林园包含了寨口林园、宅基园圃、水边林园以及独木成林几种情况，苗族聚落寨中林园的风格朴素简单，但却有着天然清纯之美。

5.4.1　寨口林园

　　一些苗族传统聚落寨门处会出现一小块片林，富有特色的林木也是村寨的空间导向标志。这些寨口林园有的以乔木为主，仅由多棵古老的大树和简单的地被组成。常见的大树有枫香、木荷、秃杉等，古树翁郁苍翠，象征着聚落的繁盛与兴旺。部分寨口林园为乔、灌、草复合结构，乔木多为两棵对植大树，如桂花，配以竹、杨梅、十大功劳（*Mahonia fortunei*）等形成较为完整的植物景观。

5.4.2　宅基园圃

苗族是山地聚落，在聚落内部不同的高差平台间形成了很多堡坎。这些堡坎有自然半坡形态的，也有人工石砌修建的。在外部空间不是很充裕的情况下，当地村民常常利用堡坎空间，保留部分原生植物。当外部空间较大的情况下，宅主人则会在保留原生植物的基础上种植一些有特殊含义的树种，如杉木、枫香、木荷、厚朴（*Houpoea officinalis*）等（图5-7）。这些树种对于苗族人民来说有着特殊的文化内涵，且多能长成参天大树，苗族人民认为有这些巨大的古树在自家近旁，能够庇护家园，保佑家人平安健康。当地人尤其喜欢在宅基栽植象征祖先的枫香树。

除此之外，当地人还会在宅基处种植一些观赏价值较高或是能够提供果实的植物，比如枇杷（*Eriobotrya japonica*）、杨梅、芭蕉（*Musa basjoo*）、山茶（*Camellia japonica*）、杜鹃（*Rhododendron simsii*）、桃（*Amygdalus persica*）、李（*Prunus salicina*）等。

图5-7　各村寨宅基园圃

5.4.3　水边林园

村寨中，除了人工营建的宅基园圃外，还有部分自然植被，这些植被主要沿道路或流经寨中的溪流分布，以自然灌木、草本为主。苗族村寨大多处于坡地，且坡度较大，沿道路分布的自然植被可以很好地起到保水固土的效果，而沿水系分布的植被可以起到保护堤岸的作用，同时在溪水旁形成天然屏障，保持水源的洁净。

5.4.4　独木成林

苗族村寨当中多有枝繁叶茂的古树，这些古树浓荫蔽日，似乎整个村寨都在它的荫蔽之下。苗族人民常将这些古树保护起来并将其视作"神树"加以祭拜，这些树就是护寨树，也有村寨称之为守寨树、保爷树、神仙树等。苗族人民相信，护寨树中有神灵栖居，可以保佑村寨平安。久而久之，这些历史悠久的古树成为平安吉祥的象征，也是苗族人民美好心愿的寄托。这些树得到了很好的保护，形成了村中独木成林的独特景观（图5-8）。

图5-8　护寨树

护寨树的树种没有明确的规定，最常见的是枫香，此外还有青冈（*Cyclobalanopsis glauca*）、杉木、侧柏（*Platycladus orientalis*）、樟树（*Cinnamomum camphora*）等，常种植在寨门、寨中心等处。

5.5　山林景观文化内涵

陶尧河谷的苗族聚落山林景观是当地人民不断适应自然、改造自然的结果，聚落山林景观的发展经历了一个漫长的过程。它的形成基于独特的自然地理环境，受到苗族文化传统的熏陶，最终发展成人居与自然紧密结合的有机整体，有着重要的意义与价值[9]。

首先，苗族聚落山林景观体现了当地人民适应山地环境的传统智慧。在聚落山林景观格局方面，人们沿河谷和平缓的山坡开垦农田，在田边林下营建村寨，寨上种植葱郁的树林以荫蔽村寨，涵养水源。久而久之，苗族聚落形成了较为稳定的聚落山林景观结构，自山顶至河谷依次形成"山—林—村—田—水"的基本架构，这种聚落山林景观结构形成于当地独特的自然山水环境，慢慢发展成为苗族人民的宝贵经验，并且代代相传，保存至今。如今的陶尧河谷中，大部分苗族聚落依然保留着这种结构，它反映了苗族人民的生态智慧，是苗族先民留给后人宝贵文化遗产。

其次，苗族聚落山林景观是苗族特色文化的传承媒介。苗族的各类节日祭祀活动与聚落空间密不可分，苗族的诸多节日活动、祭祀活动都需要相应的景观空间作为承载。例如，苗族最重要的节日鼓藏节与聚落周边的山林有直接关系，每十三年，村民都需要从山林当中请回枫木制成的"神鼓"，举行祭祀仪式，以示对先祖的尊敬，这些祭祀活动也寄托着苗族人民对美好生活的希冀。同时，寨中常有高大茂密的古树作为苗族村寨的"护寨树"，这与苗族人民树木崇拜的文化习俗有密切联系。寨中的参天古树与其他植物景观一起为村寨构建了绿色的基底，塑造了苗族村寨"寨中有林、林中有寨"的景观特征。

最后，苗族聚落山林景观反映着合理利用自然的生态理念。每个民族都有独特的生态文化积淀，在苗族"万物有灵"理念的影响下，苗族先民们认为人与自然界中的山川、水系、动物、植物同根同源，共生平等。自然资源和生态环境对苗族人民的生存有重要意义，自然决定和制约着人类生存的同时，人类也依靠自然实现了生存与发展。虽然这种朴素的生态理念最初来自于"枫木生人"等带有神秘色彩的神话传说，但是在其影响之下，苗族人民对于自然的敬重与保护，以及对自然的环境容量和人口问题的深刻认识，都让苗族人民得以以一种更加诗意的方式，栖居在这片原本并不富饶的土地上。

5.6 结论与讨论

本章以贵州陶尧河谷苗族聚落为例，以小流域为研究范围，按照"流域——聚落——村寨"的研究体系，对陶尧河谷聚落山林景观进行了研究，主要发现有以下两点：

第一，流域聚落山林景观格局的总体特征：（1）"水平分段"特征，即自下游至上游可概括为："村占山脚，环绕坝田"的河谷平坝段，"上有密林，下有梯田"的深谷段和"村寨农田沿溪伸展"的高山溪谷段；（2）"垂直分层"特征，即自上而下可以概括为以自然山林为主的"自然层"、以村寨为主的"生活层"和以农田为主的"生产层"。

第二，山林是苗族人民生存的自然屏障，也承载着深厚的文化内涵。苗族人民千百年来崇拜山林、利用山林，也保护着山林，他们在长期的发展过程中形成了朴素的生态理念，并在村寨营建和日常生活的过程中恪守原则，与自然和谐共处，在他们的辛勤努力下，山林成为苗族聚落独具特色的美丽风景。苗族聚落山林景观在聚落层面包含了自然生态林、用材经济林、保寨风水林、河谷廊道林及寨中林园。自然生态林是苗族聚落的天然屏障；用材经济林为苗族人民提供重要的生存资源；保寨风水林体现着苗族人民自然崇拜的民族文化；河谷廊道林可以涵养水源并且防止水土流失；寨中林园包含了作为入口标志的寨口林、功能多样的宅基园圃、融于自然的水边林园以及有独特文化内涵的独木成林几种情况，风格朴素，有天然清纯之美。

参考文献

[1] 刘大均，胡静，陈君子，等．中国传统村落的空间分布格局研究[J]．中国人口·资源与环境，2014，24（4）：157-162．

[2] 蔡君，苏雪痕．浅说中国古典园林的山林植物景观[J]．北京林业大学学报，1997（4）：53-60．

[3] 谢荣幸，包蓉．贵州黔东南苗族聚落空间特征解析[J]．城市发展研究，2017，24（4）：52-58+149．

[4] 周政旭，严妮．乡村景观遗产视角的黔东南苗族聚落特征与价值分析[J]．原生态民族文化学刊，2020，12（2）：72-78．

[5] 刘舜青，赖力．苗族传统知识在山林管理中的运用和发展初探——以屯上苗寨为例[J]．贵州民族研究，2003（3）：149-154．

[6] 周政旭．基于文本与空间的贵州雷公山地区苗族山地聚落营建研究[J]．贵州民族研究，2016，37（5）：120-127．

[7] 胡卫东，吴大华．黔东南苗族树崇拜调查与研究[J]．原生态民族文化学刊，2011，3（1）：138-142．

[8] 姚瑶，赵富伟，谢镇国，等．黔东南苗族对杉木林的传统经营、利用和保护研究[J]．云南农业大学学报（自然科学），2014，29（5）：623-629．

[9] 杨东升，张和平．论黔东南苗族古村落村寨树的生态及社会功能[J]．西南民族大学学报（人文社会科学版），2012，33（9）：28-30．

[10] 龙正荣．贵州黔东南苗族古歌生态伦理思想论析[J]．贵州师范大学学报（社会科学版），2010（1）：56-59．

6

粮仓与禾晾

本章作者：张权，钱云，周政旭

摘要：粮仓和禾晾是苗族聚落粮食储备的重要设施。出于防火等方面的考虑，粮仓往往于住房之外独立营建，在选址、空间布局以及构造方面往往具备一定特色。本章通过对黔东南地区雷公山区、月亮山区的数十个苗族聚落开展实地调查，选择其中岜沙、党扭、陡寨、新桥等粮仓保存较完好且具有典型意义的苗族聚落为案例，通过调研访谈、现场测绘，以及阅读民族地方志文本等材料，对这一地区聚落粮仓、禾晾的选址分布特征、构造特征以及形成这一独特风貌的因素等进行分析阐述。研究发现，传统聚落粮仓、禾晾在分布上主要呈现分散布局和集中布局两种形式，在构造上可视为干栏式居住建筑的简化表达。

6.1 引言

贵州少数民族聚落中的粮仓营建有数百年历史，多地至今还保存着众多独立于民居之外的粮仓建筑，是聚落的重要特征建筑之一[1]。其中主要分布在黔东南州雷山、从江、榕江等县苗族村寨的粮仓保存较为完整，且其分布、建造形式、材料使用等方面都呈现出一定的特点，反映了地理环境、自然状况、民族特色和风俗习惯等方面的影响[2]。现已有部分学者对该区域的粮仓建筑开展研究，涉及苗族聚落粮仓及禾晾的形式与功能[3]、"水上粮仓"类型[4]和营造技艺[5]等。但总体而言，以往对于该地区少数民族聚落粮仓的研究主要关注其建筑形式、构造方法等，对整个聚落粮仓选址分布、功能结构以及营造的系统性研究较少。

本章选择该地区原生态文化及村寨景观保存较完好，粮仓、禾晾保存完整且有特色的11个苗族村寨作为主要研究对象，它们是岜沙村、党扭村、陡寨村、格头村、加车村、加页村、郎德上寨、郎德下寨、也改村、乌流村和新桥村（图6-1）。本章在对研究对象村寨进行踏勘、测绘的基础之上，结合文献记载，对该区域苗族聚落中的粮仓与禾晾这一特征建筑进行系统梳理，重点从选址分布、功能以及构造方面对其开展研究。

6.2 选址分布

根据实地调研测绘，粮仓、禾晾在苗族聚落的分布整体有分散布局与集中布局两种类型。具体而言，分散布局的粮仓、禾晾主要分布于房前屋后、村旁的农田或河流小溪旁；而有些村寨采取集中布局的形式，全村多数的粮仓和禾晾统一布置于村中的水塘之上，或村外的特定位置。

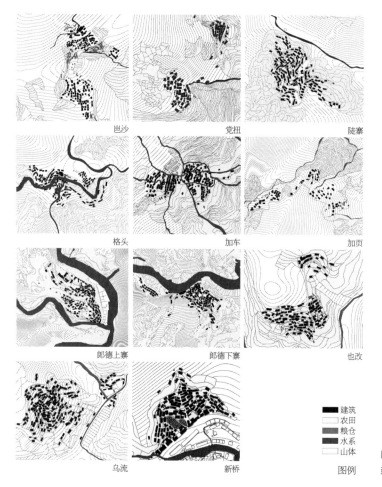

岜沙　　党扭　　陡寨

格头　　加车　　加页

郎德上寨　　郎德下寨　　也改

乌流　　新桥

图例
■ 建筑
□ 农田
▨ 粮仓
■ 水系
□ 山体

图6-1　黔东南苗族聚落典型性样本粮仓
建筑分布示意图

6.2.1　分散布局

一部分村寨的粮仓、禾晾靠近住房布置，与住房分开一定距离，以利于防火等，但又相对靠近便于取用（图6-2、图6-3）。一部分粮仓、禾晾则散布于村庄外围的自家农田之中，在农田边缘处灵活布置（图6-4、图6-5）。更多的粮仓、禾晾则临近村寨内部或旁边的小溪流建造，与房屋相隔一定距离（图6-6、图6-7），更利于消防。

6.2.2　集中布局

一部分村寨的粮仓、禾晾集中布置于村外的空地，如从江县岜沙村在村外设置了至少3处集中的粮仓、禾晾地，各建

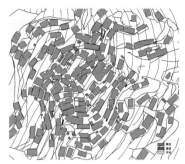

图6-2 散布于房屋旁的粮仓、禾晾

图6-3 乌流村粮仓

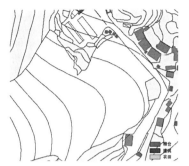

图6-4 散布于农田旁的粮仓、禾晾

图6-5 党扭村粮仓

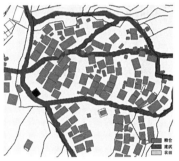

图6-6 散布于溪边空地的粮仓、禾晾

图6-7 加车村粮仓

有约20~50户的粮仓，粮仓、禾晾随地形起伏，布置相对紧凑（图6-8、图6-9）。离村子有一定距离是出于减少火患之考虑，同时集中布局也利于管理。在晾晒禾穗时节，金黄的禾穗挂满禾晾，蔚为壮观。

值得特别注意的是，雷山县新桥村的绝大部分粮仓集中建造于村寨中心低洼处的水塘之上（图6-10、图6-11），极具特色。40多个小粮仓依次排列于约1000m²的水塘上，分成若干块区域，布置井然有序。这种布局主要出于防火的考虑，具有如下几点优点：第一，粮仓建于水塘之上形成四面环水的布局，可以大大降低着火的概率；第二，粮仓建于水塘之上，在遇到火情时可以就地取水，第一时间灭火；第三，水上粮仓也很大程度杜绝了鼠患对粮食的影响。

图6-8   集中布局于村寨周边粮仓示意图

图6-9   岜沙村粮仓

图6-10   集中布局于村寨内粮仓示意图

图6-11   新桥村水上粮仓

6.3   单体特征

粮仓、禾晾的建造通常与居住建筑相同，采用木材、稻草、岜茅草等作为营建材料。常用木材以杉木为主，其次有松木、枫木、樟木等。岜茅草和杉树皮则可用于覆盖屋顶，也有部分民居屋顶采用石板材或小青瓦覆盖。功能上，粮仓、禾晾需注意防鼠、防潮与防火。因此，多采用底层架空，甚至建于水塘之上加以应对。

粮仓多为穿斗式木结构建筑，特点是一般采用几根木桩，将其竖立在地面架构成高出地面的底架，接着在底架上衔接上地板使其悬空，上面再用杉木板围合搭建小木房作为仓库（图6-12）。

以新桥村的粮仓为例，底层"架空"，且处于村寨中央的水塘之上。居民将石墩放入水塘中，使其高出水面15cm左右再与木柱衔接，而木柱上方与中部仓库的底面楼板衔接，使底部"架空"部分有空间保证良好的通风，使粮食不因过于潮湿而发霉，楼板距离水面约1.5m。在中部仓库的处理上，主体仓库用竹或杉木进行围合，同时留有部分缝隙，缝隙的

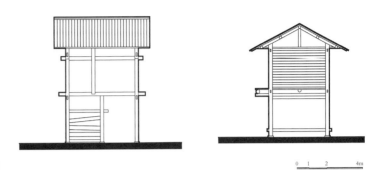

图6-12　普通粮仓结构图

图6-13　禾晾

宽度既使仓库里面的小颗粒粮食不溢出，又能够确保一定的通风，仓门旁的通道由挑出的1m左右的横穿枋及其上面的木板构成，村民在运送粮食时借助木梯连接地面与粮仓主体仓库。在顶部的处理上，苗人们将粮仓的屋顶做成两面坡式，用杉木皮盖顶，坡面于正脊处对称分布，与正脊处形成约60°的夹角，这样的斜面能够使得雨水及时排泄而不致杉木皮浸泡腐烂。

　　禾晾（图6-13）往往与粮仓组合配置。禾晾是苗族人民为晾晒收割的农作物兴建的高大木架，沿坡坎小道成排而立，或单独而建。其做法是将圆形的杉木凿出一个圆形或方形卯孔并埋入地下，圆形木杆的两端装入立柱孔内，形状如梯子，秋收摘禾时，苗人在稻田里将稻穗剪摘，剥去外叶留下一尺多长的禾秆捆成一把，放在稻田边上的禾晾上晾晒风干，等禾秆风干后收入粮仓，整个过程形成一个连贯的模式。这也是为什么粮仓和禾晾总是组合出现，粮仓与禾

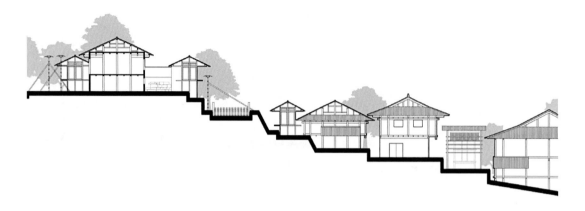

晾同为苗族聚落耕作文化的一部分，在生产、生活中密切相
关，同时其独特的组合构成了一幅苗族聚落本土人文景观
（图6-14）。

图6-14 加车村粮仓禾晾与民居的关系

6.4 结论与讨论

　　粮仓、禾晾是具备鲜明民族和地域特色的构筑物，也是
苗族民众的稻耕生计模式的承载之一。总结黔东南苗族聚落
粮仓、禾晾的选址与营建特征主要有以下几点：第一，粮仓、
禾晾通常临近分布，在选址上重点考虑防火、防虫、节地及
便于晾晒取用等，因此多建在临水临溪、日照较为充分的位
置，布局十分灵活；第二，在构造上，苗族粮仓的"架空"
形式具备简化的干栏式民居的特点，禾晾也通过简洁实用的
构造达成晾晒禾穗的功能，体现出建造的传承与特色的延续。

参考文献

[1] 罗德启. 贵州民居[M]. 北京：中国建筑工业出版社，2008.

[2] 周政旭. 基于文本与空间的贵州雷公山地区苗族山地聚落营建研究[J]. 贵州民族研究，2016，37（5）：120-127.

[3] 李智伟. 贵州凯里地区苗族民居考察[J]. 民族论坛，2008（2）：24-25.

[4] 龙玉杰. 论苗乡之水上粮仓[J]. 城乡建设，2010（5）：114-115.

[5] 童亚. 贵州少数民族粮仓的营造技艺研究——以荔波瑶族禾仓为例[D]. 贵阳：贵州师范大学，2014.

（本章部分内容已刊载于《住区》2019年第5期）

文化遗产价值

本章作者：周政旭，严妮

摘要：2017年，《关于乡村景观遗产的准则》在国际古迹遗址理事会第19届大会上公布，为遗产研究提供了新的研究视角和价值评估框架。本章在对现有世界文化遗产中涉及乡村景观的案例进行梳理分析的基础上，以列入中国世界遗产预备名单的黔东南苗族村寨为研究对象，对其乡村景观特征进行概述，并认为该区域苗族聚落具有显著的山地乡村景观特征，处于长时段历史演进的过程中，是艰苦环境下山地农耕文明的杰出范例，因而具有文化景观遗产的价值。后续应加强对黔东南地区苗族村寨的保护和可持续发展引导，以传承这份文化遗产。

7.1 引言

在2017年底召开的国际古迹遗址理事会（International Council on Monuments and Sites，ICOMOS）第19届大会上，国际古迹遗址理事会与国际风景园林师联合会（International Federation of Landscape Architects，IFLA）共同倡议遵循《关于乡村景观遗产的准则》（*ICOMOS-IFLA Principles Concerning Rural Landscape as Heritage*）。该文件明确提出："乡村景观是人类遗产的重要组成部分，也是延续性文化景观中最常见的类型之一"[1]。这是自20世纪80年代联合国教科文组织等开始注意到乡村景观作为遗产的价值、1992年"文化景观"概念被写入《实施世界遗产公约操作指南》以来的一个重大事件[2-5]，是世界遗产领域继《威尼斯宪章》《联合国教科文组织世界遗产公约》《奈良真实性文件》等世界性文件之后的重要补充，对相关遗产研究方向具有扩展和整合的作用[4]。尽管此前的众多文化景观类型的文化遗产已然蕴含显著的乡村景观特征，但这一文件的通过仍然标志着文化景观内涵的重要扩展。人类根据各地的自然条件，通过不断地适应和改造，创造出具有突出特色的土地利用方式，形成了灿烂优秀的乡村景观，很好地体现了自然和文化元素结合的"演进的文化景观"的突出价值。例如已被列入世界遗产名录的哈尼梯田、印尼梯田等，就是其中的典型代表。我国作为历史悠久的文明古国，经历了漫长农耕文明的发展演变，创造了灿烂的乡村人居环境和乡村景观，这些乡村景观具有丰富的遗产价值[6-9]。

黔东南苗族聚落群就是其中的典型代表。黔东南地区地形以山地和丘陵为主，耕地资源匮乏。该区域地势险峻、风光秀美。历经苗族人民世代营建，黔东南苗族聚落群已成为山地乡村人居环境营造的典范，创造了梯田、村落、山林、河流等紧密结合的独特的乡村景观。近年来苗族文化及苗族村落越来越受到关注，生态学、建筑学、规划学、社会学、人类学等多个学科已展开了相关研究[10-14]。

黔东南苗族聚落群早在2008年即已列入中国世界文化遗产预备名单。关于黔东南苗族聚落的遗产价值，近些年开始受到学者的关注。此前多从非物质文化遗产角度对该地区的苗族文化及习俗加以发掘呈现[15, 16]，近年亦有从农业文化遗产[17]以及民居建筑角度[18]加以阐释。但是，正面回应其文化遗产属性的研究相对缺乏。黔东南苗族先民在严峻自然环境条件下营建出的山地乡村人居环境具有十分突出的价值和典型意义，需要系统地加以总结。

《关于乡村景观遗产的准则》正式发布，为黔东南苗族聚落的研究提供了新的研究视角与参照标准。因此，本章从文化景观的角度出发，在分析部分与乡村景观紧密关联的世界遗产案例基础上，总结黔东南苗族聚落群乡村景观特征，探讨地域文化与乡村聚落的共同建构，最后尝试对其所具有的典型的文化景观遗产价值进行系统总结。

7.2 文化景观、文化景观遗产与乡村景观

早在19世纪下半叶，德国地理学家F·拉采尔（F. Ratzel）就率先阐明了文化景观概念，并且随着越来越多的学者对其展开研究，其内涵也得以不断延伸。在各界人士的努力之下，在1992年12月第16届世界遗产委员会会议上，文化景观遗产被正式纳入《世界遗产名录》。UNESCO对"文化景观"的定义为"自然与人类的共同作品"[19]，并将文化景观分为三类：人类刻意设计及创造的景观、有机演进的景观、关联性文化景观三种主要类型，其中有机演进的景观又可细分为残遗（或化石）景观与持续性景观两个子类[20]。其中，具有突出普遍价值（Outstanding Universal Value，OUV）是认定的核心要件，需要经联合国教科文组织和世界遗产委员会确认后，方可列入世界遗产名录，成为世界文化景观遗产。

根据2017年底通过的《关于乡村景观遗产的准则》，乡村景观是延续性文化景观中最常见的类型之一，"乡村景观指在人与自然之间的相互作用下形成的陆地及水生区域，通过农业、畜牧业、游牧业、渔业、水产业、林业、野生食物采集、狩猎和其他资源开采（如盐），生产食物和其他可再生自然资源。乡村景观是多功能资源。同时，生活在这些乡村地区的人和社区还赋予其文化意义：一切乡村地区皆是景观"[1]，"乡村景观历经数千年得以形成，代表了地球上人类和环境发展史、生活方式及遗产的重要部分"[1]。每个地区的乡村景观都是该地区文化与自然间相互作用、相互依赖的产物，反映了这个地区独特的文化背景和自然条件。而乡村景观遗产"指的是乡村地区的物质及非物质遗产……包含涉及人与自然关系的技术、科学及实践知识。"[1]

《关于乡村景观遗产的准则》基于若干倡议、宣言等文件以及众多的保护实践而形成，体现了这些年学界对于乡村景观的研究认识和成果。准则中明确提出："已有遗产名录认识到了乡村景观的遗产价值，如联合国教科文组织（UNESCO）世界遗产名录中的'延续性文化景观'，另外区域、国家及地方层面的遗产清单及保护区机制可能已识别出乡村景观的遗产价值"[1]。笔者结合准则中乡村景观的定义对现有的世界文化景观遗产名录进行逐一判断分析，发现其中具有乡村景观价值或与乡村景观密切联系的世界文化遗产约有39处，尝试根据产业类型对其进行分类，结果如表7-1所示。

可以发现这其中不乏与黔东南苗族聚落群具有共性的例子，例如菲律宾科迪勒拉水稻梯田，其当选理由为："两千年以来，伊富高山上的稻田一直是依山坡地形种植的。种植知识代代相传，神圣的传统文化与社会使这里形成了一道美丽的风景，体现了人类与环境之间的征服和融合"❶。具有相似性的还有红河哈尼梯田文化景观、托卡伊葡萄酒产地历史文化景观等。将其中以种植业为主的乡村景观遗产进行单

❶ 来源自联合国教科文组织世界遗产名录网站http://whc.unesco.org/en/list/722。

现有世界遗产名录中与乡村景观相关的案例　　　　　　　　　　　　　　表7-1

中文地名	产业类型	标准II	标准III	标准IV	标准V	标准VI	标准VII	标准VIII
霍尔托巴吉国家公园	畜牧业			1	1			
马德留—克拉罗尔—配拉菲塔大峡谷	畜牧业				1			
鄂尔浑河谷文化地貌	畜牧业	1	1	1				
比利牛斯—珀杜山	畜牧业		1	1	1		1	1
理查德斯维德文化植物景观	畜牧业			1	1			
喀斯赛文生态文化景观区	畜牧业			1		1		
英国湖区	蓄牧业	1			1	1		
维嘎群岛文化景观	蓄牧业				1			
南厄兰岛农业风景区	复合农业			1	1			
阿马尔菲海岸景观	复合农业	1		1	1			
费尔特湖	复合农业				1			
古帕玛库景观	复合农业				1	1		
格陵兰岛库加塔农业文化景观	复合农业				1			
哈尔施塔特—达特施泰因萨尔茨卡默古特文化景观	矿业		1	1				
梅满德文化景观	游牧系统				1			
库尔斯沙嘴	渔业				1			
萨卢姆河三角洲	渔业		1	1	1			
龙舌兰景观和特基拉的古代工业设施	种植业	1		1	1	1		
阿尔托杜罗葡萄酒产区	种植业		1	1	1			
巴萨里与贝迪克文化景观	种植业		1		1			
香槟地区的山坡葡萄园、酒庄和酒窖	种植业		1	1		1		
哥伦比亚咖啡文化景观	种植业				1	1		
巴厘文化景观·苏巴克灌溉系统	种植业				1			
红河哈尼梯田文化景观	种植业			1	1			
特拉蒙塔那山区文化景观	种植业	1		1	1			
圣艾米伦区	种植业		1	1				
孔索文化景观	种植业		1		1			
橄榄与葡萄酒之地·南耶路撒冷文化景观	种植业		1		1			
加拿大格朗普雷景观	种植业				1	1		
皮库岛葡萄园文化景观	种植业		1		1			
拉沃葡萄园梯田	种植业		1	1	1			
韦内雷港、五村镇以及沿海群岛	种植业	1		1	1			
菲律宾科迪勒拉水稻梯田	种植业		1	1	1			
勃艮地葡萄园气候与风土	种植业		1		1			
托卡伊葡萄酒产地历史文化景观	种植业		1		1			
中上游莱茵河河谷	种植业	1		1	1			
比尼亚莱斯山谷	种植业			1				
朗格—洛埃洛和蒙菲拉托的皮埃蒙特葡萄园景观	种植业		1		1			
瓦豪文化景观	种植业	1		1				
总计		8	18	20	33	8	1	1

独分析，可以发现其大部分满足标准Ⅲ、Ⅳ、Ⅴ❶。说明乡村景观遗产价值本身也具有一定共性，可总结为以下3个特点：（1）区域特征明显，具有独特的文化传统并活跃至今；（2）是一种建筑、建筑群、技术整体或景观的杰出范例；（3）是特殊环境下的人类聚居的典型案例。

7.3 乡村景观特征

本章重点研究了月亮山区加车河流域的加车、党扭、加页等典型苗族村寨。加车河以梯田著名，纳入从江"稻—鱼—鸭"生态农业系统保护范围之内，于2011年入选联合国粮农组织全球重要农业文化遗产保护项目，2013年入选第一批中国重要农业文化遗产。笔者于2017—2018年间在该地区选择了干皎、乌东、郎德上寨、郎德下寨、乌流、也改、加车、党扭、加页等典型村寨开展调研。这些村寨海拔在600~1300m，人口数量500~2000不等。本节将从自然基底、区域层面、聚落层面、典型建筑及民俗文化五个方面阐述其乡村景观特征。

7.3.1 自然基底

笔者调研所关注的雷公山区位于贵州省黔东南苗族侗族自治州的中山地带，海拔在400~2000m，山体雄伟高大，连绵不绝，属于亚热带季风湿润气候，雨热同期，全年雨量充沛，垂直气候差异明显。历有"九山半水半分田"之说（图7-1）。

月亮山东麓加榜—加车河谷区域则呈现出高山陡谷的地形趋势，河流在高山之间自西向东流淌，梯田、村舍、耕地在空间分布上极不相称，河低田高，河水难以得到利用。黔东南湿润气候所带来的丰富水资源与延绵高峻的山体及特殊的地貌地势[1, 21]一同构成了苗族聚落群的自然基底（图7-2）。

❶《实施世界遗产公约操作指南》中确定了被认定为具有突出普遍价值的若干条标准，其中"（ⅲ）能为延续至今或业已消逝的文明或文化传统提供独特的或至少是特殊的见证；（ⅳ）是一种建筑、建筑群、技术整体或景观的杰出范例，展现人类历史上一个（或几个）重要阶段；（ⅴ）是传统人类居住地、土地使用或海洋开发的杰出范例，代表一种（或几种）文化或人类与环境的相互作用，特别是当它面临不可逆变化的影响而变得脆弱"。引自参考文献［19］。

图7-1 雷公山区典型景观
图7-2 月亮山区典型景观

7.3.2 聚落选址

苗族在历史上多次大规模迁徙，逐渐成为一支山地栖居民族，依赖自然生存的苗族人民在严峻的自然条件下不得不不断迁徙、尝试、营建，最终总结出一套山地聚落选址建构的法则。

黔东南苗族聚落多位于群山之中，一般选址于山岭之中背山面水的阳坡之上，这样虽交通不便捷，但较利于自我防御，同时能够有大片山林地可供狩猎以及耕种农作物，满足生活所需，历史上苗族还多采取刀耕火种方式，因此居于山地且较多迁徙，有利于实现其生计。最终形成的黔东南苗族聚落可以分为高山型、中山型和低山型。居于高山的苗族通常为战乱所迫而被逼上高山。高山型聚落地势险峻，易守难攻，但由于山上气候寒冷，为了保证粮食收成，通常海拔不会超过1600m。同时由于自然条件恶劣，生产条件较为艰苦，高山型聚落往往规模较小。中山型聚落因其既具有一定的防御性，山腰地带相对自然灾害较少，且水热条件也较为优渥，适宜人类居住，而成为众多黔东南苗族聚落的选址之处。低山型聚落通常临近河流，地势相对平坦，河流冲积所形成的良田沃土易于耕作，位于山脚交通也更便利，因此低山型聚落往往规模更大、经济较为发达。

7.3.3 山—水—林—田—村共生的聚落空间

虽然黔东南聚落依据山形山势会呈现不同的形态和空间，但总体来说，多为以山体为背景，临近水源的开阔空间，并且基于高险的山体环境和独特的喀斯特地貌，黔东南苗族聚落演化出了一种"山—水—林—田—村"于一体的垂直生态系统，山顶为森林，中部为村落，梯田位于寨脚，下部为河谷。由于冬无严寒，夏无酷暑，雨热同季的气候条件，顶层的原始森林涵养了大量水分，形成了天然山泉，供下方的村寨和梯田灌溉所用，最终汇集到河谷。在此过程中，地下水经过地表而升温，便于农业灌溉和生活使用，同时农业和生活产生的废水流经底部森林，经过简单净化后汇入河谷，再次蒸发形成降雨，又为森林的生长提供了良好的气候条件。山—水—林—田—村这五个要素相互依托、相互影响，构建了一个和谐可持续发展的垂直生态系统，形成了一种山地人居环境的典型类型（图7-3）。

苗族人民崇尚自然。寨神林、风水林、风景林等通常位于村落后方，起到美化环境和涵养水源的作用。除此之外，森林也是苗族人民生产生活的重要保障和来源，是食物和村舍的原材料产地。

图7-3 月亮山区"山—水—林—田—村"
共生的整体聚落空间

村落通常位于林下，依山而生，布局灵活，随形就势。村寨内有水系和水塘供居民生活和消防用。从山上来的泉水先供人畜使用，生活产生的污水及有机物经过发酵又成为梯田里作物生长的肥料，然后在栽秧时节，全村人一起出动，顺着沟渠将废水冲下梯田。最终，山上的水流经过下部的森林，汇入河谷。

田地通常位于村寨周围，临近水源，便于耕种管理。村民们在田埂之间开渠挖沟，形成灌溉体系，将泉水及肥料引流到自家田里，在满足生活需求的同时，合理利用了资源。梯田本身的形态及分布也顺应山形水势。梯田是苗族先民主动适应当地山地地形与自然条件、加以适度改造形成的珍贵遗产，围绕梯田苗族还形成了一整套的高山稻作生计模式，具有很高的美学、学术以及文化价值。

苗族聚落的梯田、森林、村落等绝非独立存在，它们与山水基底一道构成了"山—水—林—田—村"整体空间格局，形成了相互协同的农业生态系统，并且创造了颇具"自然—人工"和谐之美的大地景观，具备突出的价值。

7.3.4 典型建筑与场所

黔东南苗族聚落的典型建筑与场所中，乡村景观特色主要体现在以吊脚楼为代表的民居、禾晾、粮仓等特色构筑物、塘渠水系，以及芦笙坪、游方场、寨神林等兼具宗教信仰与公共活动的空间。

干栏式吊脚楼是黔东南苗族聚落的典型民居形式，其特点为取材方便、结构灵活。建筑常以杉木作为原材料，一般为三层，底层豢养牲畜；中间层为主要居住活动空间，包括堂屋、火塘、卧室等；顶层为储物空间，为了保持干燥和良好的通风，通常两侧的山墙面不完全封闭（图7-4）。

粮食的储藏及安全与生计休戚相关，因此每个村庄通常都设有禾晾及粮仓，其选址及设计也极为讲究。禾晾通常临

图7-4 干栏式吊脚楼

近溪流、梯田或道路，位于通风良好的地方（图7-5）。粮仓散布于村寨内部民居旁，另有集中布置方式，多数集中分布于村寨外、溪流水塘边，甚至直接建于水塘之上，既可防火也能避免鼠患。例如新桥村的水上粮仓，不仅能很好地存储粮食，而且营造了独特的景观风貌（图7-6）。

苗族村寨中往往分布较多的水塘，并以水渠相连，在山地地形中作为积蓄水源，在洪水之时起到迟滞水流之用，并兼具防火、灌溉之用（图7-7）。此外，苗族村寨的田地多为位于山地的梯田，水渠起到将水由高处水源引至各处田地之用，最终通往山谷低处的溪流，其布局及设置往往十分精巧。

芦笙坪是苗族聚落中最重要的公共空间，通常位于整个村寨的核心区域，是苗族人民的精神和生活场所。其选址多为村落中的平坦空间，由民居围合而成。芦笙坪不仅满足村

图7-5 禾晾
图7-6 粮仓
图7-7 水塘

民的日常活动需求，而且用于举行苗族重大节日祭祀仪式。
游方场则是苗族青年男女开展娱乐与社交活动的场所，通常
位于村寨周边的树林、草坡或河坝，是村寨公共空间的重要
组成部分。有时，芦笙坪也可作为游方场（图7-8）。

　　寨神林或风水林是村寨重要的信仰空间与生态屏障（图
7-9）。苗族普遍具有枫树崇拜，迁居一地往往以枫树是否成
活作为定居与否的标准。而成片种植的枫树往往成为村寨的
信仰地，称为寨神林或风水林。寨神林或风水林往往位于村
寨上方，还能起到水土保持、防范地质灾害等作用。重要日
子，村寨往往会在寨神林或风水林周边举行祭祀活动。此外，
不少村寨还有祖母石等特有的祭祀空间与场所，作为苗族民
众信仰的寄托之地。

图7-8　芦笙坪
图7-9　风水林

7.3.5　民俗文化

　　聚落空间不仅是村民居住活动的场所，而且是自然和文
化的外在表现。同时由于苗族人民崇尚自然的民族信仰，其
民俗文化也与聚落空间有着密不可分、共生共融的关系。苗
族文化中的节庆活动十分丰富，其中相当一部分是苗族特有
的节日。在这些节庆活动中人们祭祀自然、祭祀祖先、庆祝
丰收、娱乐交往。如鼓藏节、招龙节、吃新节（局部地区称
之为过卯节）、姊妹节、敬桥节等，蕴藏深厚的文化内涵，在

祭祀祖先、崇拜自然、庆祝丰收佳节、合家团聚的同时，体现了深刻的人与自然和谐互动的内涵，参与到乡村景观的构建中来，具有深厚的遗产价值。

其中，鼓藏节是最为典型的民俗文化之一。鼓藏节往往以13年为一周期，以祭祀历经千辛万苦迁徙至此定居的祖先为主题。鼓藏节往往以一个具有"鼓"的鼓社为单位开展，规模可大可小。一个鼓藏节仪式往往持续3年，以请鼓—立鼓—送鼓为核心流程。鼓藏节举办期间，全族齐心协力，在寨老的导引下开展杀牛、起鼓、迎鼓、送鼓、跳芦笙、宴宾客、游方等各项活动，蕴藏了丰富的民族文化。例如雷山县乌流大寨的鼓藏节期间，藏鼓岩象征苗族先民安息的地方，藏鼓岩相对于村落的方位象征祖先迁徙而来的方向，木鼓坪成为聚集着祖先灵魂的神圣场所。

招龙节是苗族另一极具特色的民俗文化，通常以祭祀四方众自然神灵为主题。通过一系列的活动实现对村寨四周自然山川之神的祭祀，希望得到各方神灵的庇护，使得村寨风调雨顺[22]。郎德上寨的招龙节期间，招龙坪是巫师召唤山龙水龙的祭台，回程顺着山梁行走象征祖先艰辛的迁徙历史，铜鼓坪聚集着祖先的灵魂，铜鼓坪中央的"鼓藏树"象征生生不息、兴旺发达。因此节日及祭祀的各项仪式与形成的乡村景观有着密不可分的联系，表达了苗族人民对于祖先的追怀、对自然的崇拜并且促进了聚落之间的友好往来。

此外，为了庆祝稻谷丰收和子孙繁衍兴旺的吃新节等特色民俗活动，也与时节和空间有着密不可分的联系。黔东南地区主要以稻谷种植为主，因此吃新节往往会在稻谷丰收的那个月的卯日举行[23]，但根据各村寨种植的稻谷品种和习俗不同，具体的庆祝日期也会略有差异。此外，吃新节的庆祝还具有一定的空间联系，因为它是一种以寨子为单位所过的节日，连续的吃新节会在不同寨子中轮流举行，而且这些寨子之间往往具有姻亲关系或是血缘关系，吃新节不仅象征着苗族人民对于自然时节的认知、对于丰收的期待，也是联系各村寨之间的情感纽带。

7.4 文化景观遗产价值

结合前文对于现有世界遗产名录的乡村景观价值分析，笔者根据《关于乡村景观遗产的准则》的表述，尝试对黔东南地区苗族聚落群具有的文化景观遗产价值总结如下：

第一，区域特征明显的山地乡村景观：独特的自然条件和鲜活的文化传承。黔东南苗族聚落群是根植于山地环境，基于苗族独特的文化习俗和特殊的社会背景，经过上千年演变而形成的乡村景观，其独特的自然条件和文化背景赋予它明显的区域特征：顺应山水的聚落选址、根据地形地势演变出的复合农业生态系统，基于民俗文化和自然条件形成的干栏式民居及公共空间，还有互利共生的梯田耕种系统以及耕作技术等，都是其文化与自然相互作用的产物，反映了黔东南苗族聚落群的演变历史、生活方式和民族价值观。由于其独特的地理位置，与外界鲜少交流，使得区域文化得以保持纯粹并且传承存续。

第二，演进中的乡村景观：与自然相互协调，动态发展。黔东南地区严峻又脆弱的自然环境使得其自然容载量十分有限，加上战乱冲击、人口繁衍、气候变化等因素，使得苗族聚落发展到一定阶段就不得不迁徙、发展新的聚落。这种演变过程不只是地理上的迁徙，也是血缘关系和文化的传播。正因为如此，黔东南苗族聚落群的乡村景观特征才得以传承和更新，人和自然才可以保持动态平衡，苗族聚落才得以在这片土地上生生不息。同时，从时间维度考虑，由于人类活动一直在变化，苗族聚落群也在不断演进。近代以来，旅游业的热潮使得梯田不再仅仅是生产空间，更是重要的景观空间等。在整个历史进程中，乡村景观一直在随着人与环境的变化而不断演变，历久弥新。

第三，艰苦环境下山地农耕文明的杰出范例：复合农业生态系统。生存压力愈加明显的地区，其聚落体现出的"生存适应性"也愈加突出。在该地区艰苦的自然条件下，苗族人民创造了独具特色的"山—水—林—田—村"复合农业生态系统，山顶植林，保育水土，涵养水源，同时为聚落提供食物和建筑材料。山间营寨，寨脚垦田，既可以承接村民生活产生的污水，作为肥料使用，也便于耕种和灌溉。利用"稻鱼共生""牛草平衡"等生态智慧，可以实现高产量、多产物的同时可持续发展。山上汇水经过下部的森林得到净化后，汇入河谷地带，最终在温热的气候条件下，水分又回到大气，经过冷却凝结，再次被森林吸收，循环往复。这种复合农业生态系统在如此恶劣艰难的山地环境下，养育了一代又一代的苗族人民，在人与自然之间实现了弹性生态平衡。

7.5　结论与讨论

黔东南地区"地无三尺平"的地形特点，造就了此处独一无二的聚落形态、建筑风格与生态智慧，该聚落群不仅延续千年，养育了世代苗族人民，同时具有极高的生态性和美感。苗族聚落群是苗族民俗文化及农耕文明的"活遗产"，见证了苗族先民迁徙营建的过程，且由于地处偏远，其文化的纯粹性得以很好地保留。此外，黔东南苗族聚落群在严峻的自然环境下实现了人类生存需求与环境承载力的微妙平衡，并且延续至今，经受住了时间和历史的考验。因此，研究认为黔东南苗族聚落群是苗族民众在漫长历史中与山地环境不断适应、不断调整的杰作，是山地环境下具有明显区域特征的乡村景观典范。无论是从聚落选址、空间结构、民居建筑等物质遗产方面，还是独特的生态系统、农耕技术和传统习俗等非物质遗产上，都具有很高的文化景观遗产价值。

　　但随着交通日益便捷，技术日新月异，黔东南苗族聚落群与外界的交往愈发密切和频繁，其延续千年的乡村景观也会受到影响，在明确其乡村景观价值后，希望对其的保护和合理开发也应得到重视，延续这份传承千年的文化景观遗产。

参考文献

[1] ICOMOS. ICOMOS–IFLA Principles concerning rural landscape as heritage [Z]. 2017.

[2] 史艳慧, 代莹, 谢凝高. 文化景观: 学术溯源与遗产保护实践[J]. 中国园林, 2014, 30 (11): 78-81.

[3] 珍妮·列侬, 韩锋. 乡村景观[J]. 中国园林, 2012, 28 (5): 19-21.

[4] 贵州省文化厅, 等. 关于 "村落文化景观保护与发展" 的建议 (贵阳建议) [Z]. 贵阳, 2008.

[5] 莱奥内拉·斯卡佐西, 王溪, 李璟昱. 国际古迹遗址理事会《关于乡村景观遗产的准则》(2017) 产生的语境与概念解读[J]. 中国园林, 2018, 34 (11): 5-9.

[6] 陈英瑾. 乡村景观特征评估与规划[D]. 北京: 清华大学, 2012.

[7] 卢梅芳. 赣州客家乡村景观遗产资源与特色研究[D]. 广州: 华南农业大学, 2016.

[8] 孙艺惠, 陈田, 张萌. 乡村景观遗产地保护性旅游开发模式研究——以浙江龙门古镇为例[J]. 地理科学, 2009, 29 (6): 840-845.

[9] 陆祥宇. 稻作传统与哈尼梯田文化景观保护研究[D]. 北京: 清华大学, 2012.

[10] 胡卫东, 吴大华. 黔东南苗族树崇拜调查与研究[J]. 原生态民族文化学刊, 2011, 3 (1): 138-142.

[11] 玄松南. 贵州黔东南苗族稻作文化[J]. 农业考古, 2005 (1): 161-165+175.

[12] 周政旭. 基于文本与空间的贵州雷公山地区苗族山地聚落营建研究[J]. 贵州民族研究, 2016, 37 (5): 120-127.

[13] 谢荣幸, 包蓉, 谭力. 黔东南苗族传统聚落景观空间构成模式研究[J]. 贵州民族研究, 2017, 38 (1): 89-93.

[14] 邓锐. 贵州雷山县苗族聚落景观研究[D]. 北京: 北京林业大学, 2013.

[15] 东旻. 苗族非物质文化遗产研究[D]. 北京: 中央民族大学, 2007.

[16] 彭雪芳. 人类学视野下的非物质文化遗产研究——以台江苗族姊妹节为例[J]. 云南民族大学学报 (哲学社会科学版), 2014, 31 (3): 38-41.

[17] 孙业红, 闵庆文, 钟林生, 等. 少数民族地区农业文化遗产旅游开发探析[J]. 中国人口·资源与环境, 2009, 19 (1): 120-125.

[18] 周真刚. 文化遗产法视角下的黔东南苗族吊脚楼保护研究[J]. 贵州民族研究, 2012, 33 (6): 40-45.

[19] UNESCO. Convention concerning the protection of the World Cultural and Natural Heritage [Z]. 1972.

[20] UNESCO World Heritage Centre. Operational guidelines for the implementation of the World Heritage Convention[Z]. 2017.

[21] 张和平. 月亮山地区苗族梯田文化探讨[J]. 安徽农业科学, 2011, 39 (30): 18726-18727.

[22] 欧阳治国. 苗族招龙习俗的文化解读[J]. 长江大学学报 (社会科学版), 2012, 35 (1): 4-5.

[23] 张文静, 刘金标. 对黔东南苗族传统吃新节的调查报告[J]. 原生态民族文化学刊, 2012, 4 (1): 148-152.

(本章已刊载于《原生态民族文化学刊》2020年第12卷第2期)

后　记

2008年，刚进入吴良镛先生门下攻读博士学位不久，先生带领我们几位刚进入研究阶段的"小学生"赴西南某地调研。临近尾声，我们几位还想在调研结束之后，结伴去河谷更上游的地方探索一番，但又顾虑于旅途安全、日程安排等。正在踌躇之际，先生知道了我们的想法，特意晚上召集开会，给我们讲了他年轻时的故事，其中一句至今记忆犹新："腿脚长在自己身上，趁年轻时候就要多去看看。"后来，沿途峡谷的自然格局、城镇村庄、史前聚落遗址等都给我留下了深刻的印象。此后没多久，该地区发生了罕见大地震。我们除了庆幸于先生鼓励下成行的这段"计划外旅程"之外，还些许遗憾于当时为什么没有更多看一些地方，多记录一些东西。

此后，在吴良镛先生的指导下以贵州为对象开展相关研究。多次调研中逐渐领略到贵州各地少数民族聚落的美好，先生又鼓励我对此开展深入研究。2013年获得博士学位后，吴先生多方联系，促成了清华大学建筑与城市研究所、贵州省住房和城乡建设厅《贵州省"四在农家·羊丽乡村"人居环境整治示范项目合作备忘录》的签署，本系列研究的开展即得益于该项合作搭建的平台。从选题到调研到写作过程，吴良镛先生每每悉心指导。先生的言传身教，无论是对治学的不懈追求，还是对我国城乡建设、传统文化的高度责任感，都深深感动并影响着我，并将使我终身受益。

在整个研究过程中，清华大学建筑学院、贵州省住房和城乡建设厅、黔东南州住房和城乡建设局等单位以及雷山、从江两县对我们的工作给予了大力支持。特别要感谢在前期策划选点时给予大力支持的伍祥华学长，在预调研期间带领实地走访的雷山县杨耀奎、唐千武和吴生敏三位先生，在预调研和实地测绘阶段同行或提供支持的杨宇亮、钱云、罗康智、赵明波、张强、何朕宇诸位好友，以及在村寨中每位给予热忱帮助和款待的乡村干部和村民！在此致以最诚挚的谢意！

　　最后，感谢"山村志"的每位成员。2017年夏天黔东南苗族典型村寨测绘以及随后多次补充调研，以及随后持续近5年开展专题研究，才让这本不成熟的册子得以呈现在所有读者面前。当然，文中还有很多错漏及不足之处，敬请读者批评指正。

周政旭

2022年9月